Información legal

© 2023
Autor y editor: M.Eng. Johannes Wild
A94689H39927F
E-Mail: 3dtech@gmx.de

Los datos completos del autor del libro se encuentran en las últimas páginas

Esta obra está protegida por los derechos de autor

Prólogo

¡Muchas gracias por elegir este libro!

En este libro, crearemos juntos y paso a paso unos cuantos proyectos emocionantes y geniales con el microcontrolador Arduino Uno. Como sugiere el título del libro, utilizaremos el programa fácil y <u>gratuito</u> Tinkercad de Autodesk y el enfoque de la programación basada en bloques. Además, utilizaremos sensores en cada uno de los proyectos, como un sensor de temperatura, o un sensor de ultrasonidos y otros componentes.

Soy ingeniero (M.Eng.) y me gustaría introducirte en los temas de la electrónica, Arduino y la programación basada en bloques con Tinkercad de una forma orientada a la aplicación, lúdica y explicada de forma sencilla mediante proyectos DIY. En los primeros capítulos de este libro, encontrarás una breve introducción teórica o un repaso -según tu nivel de conocimientos- sobre el Arduino, el programa Tinkercad y la electrónica en general, y en los siguientes capítulos obtendrás cinco grandes proyectos que construiremos juntos paso a paso. Aquí crearemos estos proyectos sólo virtualmente en la plataforma online Tinkercad. Sin embargo, también puedes construirlos 1:1 con componentes reales en el mundo analógico si lo deseas. Para cada proyecto, recibirás información sobre los componentes necesarios, la estructura del diagrama del circuito respectivo y los pasos individuales para crear el código del programa utilizando la programación basada en bloques.

No importa la edad que tengas, si todavía estás en la escuela, si ya eres adulto, si eres estudiante o pensionista , si te interesa uno de los temas, ¡estás en el lugar adecuado!

Este libro se dirige tanto a los que aún no han adquirido ningún conocimiento como a los que ya tienen conocimientos básicos en alguno de los campos: Arduino, Tinkercad y electrónica.

Índice de contenidos

1 Alcance del aprendizaje

Lo que puedes esperar de este libro y lo que aprenderás

En esta guía encontrarás cinco emocionantes y grandes proyectos que pondremos en práctica juntos y paso a paso. Utilizaremos el microcontrolador Arduino y el software Tinkercad de Autodesk. En los primeros capítulos, te espera un curso intensivo sobre el software Tinkercad, la electrónica y el Arduino. Si no tienes conocimientos previos, esto te ayudará a empezar, si ya tienes algunos conocimientos, puedes verlo como una especie de curso de repaso. Si no tienes conocimientos previos y quieres una introducción más detallada a los temas, también puedes trabajar primero con los libros básicos sobre los temas respectivos (ver las últimas páginas de este libro).

En pocas palabras, este libro contiene lo siguiente

- Conocimientos previos sobre el Arduino
- Conocimientos básicos de electrónica general
- Conocimiento de la sección "Circuitos" y del funcionamiento general del programa Tinkercad
- Proyecto de bricolaje 1: Regulador de velocidad del motor de corriente continua
- Proyecto DIY 2: Detector de movimiento con alarma
- Proyecto DIY 3: Control de dirección para robots de juguete
- Proyecto DIY 4: Termómetro digital
- Proyecto DIY 5: Medidor de distancia por ultrasonidos

2 ¿Qué es un Arduino? Los primeros pasos

En pocas palabras, un Arduino no es más que un pequeño y muy sencillo mini PC o microcontrolador que es capaz de recibir señales de entrada, procesarlas internamente y luego convertirlas en las correspondientes señales de salida. Una señal de entrada podría ser, por ejemplo, la luz del sol cayendo sobre un sensor. La señal de salida correspondiente podría, por ejemplo, controlar un motor (ciego). Hay diferentes modelos de Arduino. Para nuestros proyectos en este libro, sólo necesitamos el Arduino UNO (https://www.arduino.cc/en/main/products).

¿Cómo funciona un Arduino? El principio básico de todo PC es el sistema binario basado en los dos números "0" (OFF) y "1" (ON). La comunicación se realiza en un PC con combinaciones de estos dos números. Exactamente este principio se utiliza también en el Arduino. Los dos números binarios están representados aquí por las tensiones 5V (valor "1" o "HIGH") y 0V (valor "0" o "LOW").

Cada pin de una placa Arduino recibe un número o una denominación. Hay varios pines digitales y analógicos que pueden recibir y enviar señales. Puedes conectar sensores u otros componentes, como un motor, a estos pines. La placa funciona con corriente continua de 5V. El Arduino también tiene un procesador que se puede programar para ejecutar los comandos deseados. Lo veremos con más detalle más adelante en los proyectos.

3 ¿Qué es Tinkercad? Los primeros pasos

Tinkercad es una plataforma online de la empresa Autodesk donde puedes realizar proyectos de carácter técnico. El término "Tinker" es inglés y significa algo así como juguetear o trastear. "CAD" significa "Computer-Aided Design" (diseño asistido por ordenador). Con Tinkercad, puedes trabajar en proyectos de electrónica, programar y también crear objetos en 3D. La creación de objetos 3D no forma parte de este libro.

Como Tinkercad es un software en línea, no puedes ni tienes que descargar nada, sino que simplemente puedes trabajar en tu navegador preferido. Además, Tinkercad se puede utilizar de forma gratuita. Por su aspecto, el grupo objetivo de Tinkercad es principalmente niños y jóvenes. Sin embargo, en mi opinión, el programa también es muy adecuado para los adultos, especialmente si eres principiante. Es precisamente esta sencillez la que ofrece muchas ventajas y un rápido éxito a la hora de abordar la creación de objetos 3D o circuitos electrónicos.

Todos los proyectos se almacenan en la nube, por lo que puedes acceder a ellos desde cualquier lugar con un ordenador, teléfono móvil o tableta a través de Internet.

Crea una cuenta y empieza

Antes de empezar a crear nuestros proyectos, tenemos que crear una cuenta en el sitio web www.tinkercad.com. Si ya tenemos una cuenta en Autodesk, también podemos utilizarla para iniciar la sesión. Por lo demás, podemos registrarnos con una cuenta de Google o de Apple o, de forma bastante clásica, con una dirección de correo electrónico.

En cuanto nos conectamos, aparece la página de inicio de nuestra cuenta en Tinkercad.

4 Circuitos electrónicos con Tinkercad

4.1 Crear un circuito electrónico en Tinkercad

Con Tinkercad, como ya se ha dicho, puedes diseñar circuitos electrónicos y trabajar con el mini-PC Arduino, por ejemplo. En este capítulo veremos con más detalle cómo funciona.

Para diseñar circuitos electrónicos, necesitamos estar en la sección "Designs" de la página de inicio de Tinkercad.

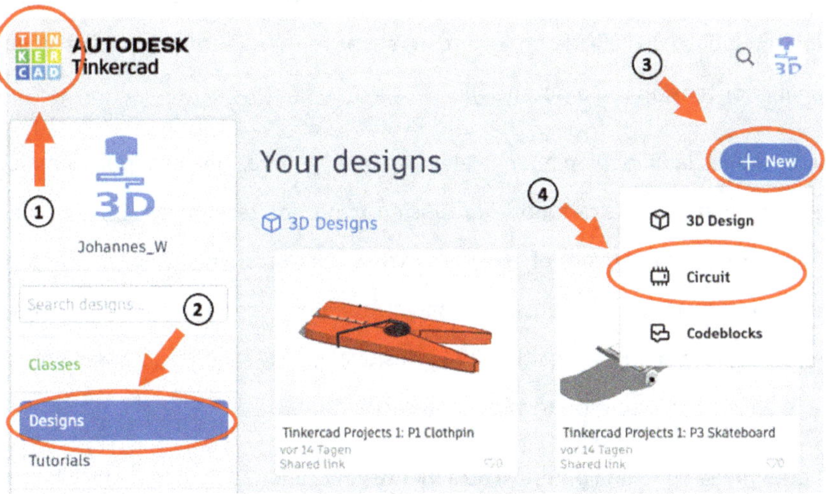

Aquí podemos crear un nuevo circuito con "+ New" y "Circuit". Sin embargo, antes de hacerlo, primero aprenderemos algunos antecedentes sobre la corriente y la tensión y nos sumergiremos brevemente en el mundo de la ingeniería eléctrica.

4.2 Conocimientos previos - Fundamentos de la ingeniería eléctrica

En primer lugar, una advertencia: la electricidad, especialmente la corriente alterna y las altas corrientes, son peligrosas para la vida. Así que si quieres construir tus circuitos en la vida real y no sólo en tu PC, es mejor que te ayude alguien que ya conozca bien el tema.

4.2.1 Electricidad

La electricidad se crea cuando los electrones fluyen desde un lugar con mayor potencial (mayor energía) a un lugar con menor potencial (menor energía). Puedes imaginarlo relativamente bien utilizando una cascada. El agua (que representa a los electrones) fluye desde el punto superior de la cascada (alto potencial, alta energía potencial) hasta el punto inferior de la cascada (bajo potencial, menor energía potencial). La energía potencial se convierte en energía cinética durante este proceso, por lo que "pierde" este estado de alta energía en el proceso (pero en realidad, como he dicho, esta energía se convierte). Del mismo modo, el electrón quiere fluir desde un lugar con mayor tensión (alto potencial) a un lugar con menor tensión (bajo potencial).

La tensión es la unidad de energía eléctrica que "genera" una pila, por ejemplo. La batería o cualquier otra fuente de tensión tiene dos terminales. Un terminal se llama terminal negativo y el otro terminal se llama terminal positivo. En el polo positivo, el potencial de tensión es mayor que en el lado negativo. Por tanto, la corriente fluye del lado positivo (polo positivo) al negativo (polo negativo), si se tiene en cuenta el sentido técnico de la corriente.

Puedes pensar que una batería u otra fuente generadora de energía funciona como una bomba. Una pila, por ejemplo, "genera" tensión o energía mediante una reacción electroquímica en su interior (conversión de energía). Esta tensión o energía sale del polo positivo en forma de electrones (estos electrones simbolizan las moléculas de agua que se bombean). Para compensar los electrones "perdidos", la pila (similar a una bomba de succión) vuelve a aspirar el mismo número de electrones a través del polo negativo.

4.2.2 Circuito

¿Qué es un circuito? En pocas palabras, un circuito es una disposición de diferentes componentes con una conexión eléctricamente conductora entre estos componentes. Para que un circuito o circuito eléctrico funcione, se necesita una fuente de energía/corriente, por ejemplo una pila, y un consumidor, por ejemplo una bombilla, así como conexiones entre estos dos componentes, que se llaman conductores. En electrotecnia, estos componentes se representan en un circuito eléctrico o en un circuito como signos simbólicos de la siguiente manera:

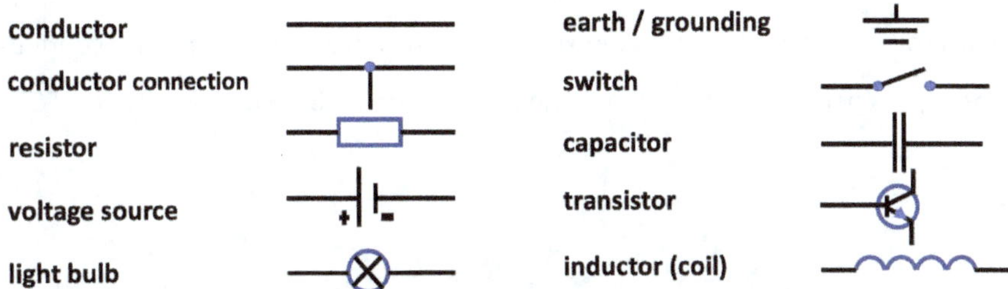

Para que una lámpara, por ejemplo, se encienda como se muestra en el siguiente esquema, el circuito debe estar cerrado, es decir, debe haber una conexión entre los dos polos (+ y -) de una fuente de energía (por ejemplo, la batería) y la bombilla. En este caso, la corriente fluye desde un polo de la fuente de energía (por ejemplo, la batería) a través de la bombilla y de vuelta al otro polo de la fuente de energía. Si se desconecta esta conexión, por ejemplo, mediante un interruptor, deja de fluir la corriente y la lámpara deja de encenderse.

Un esquema de circuito es el concepto básico de un circuito eléctrico que puede dibujarse en un papel, por ejemplo, o crearse con el programa informático Tinkercad.

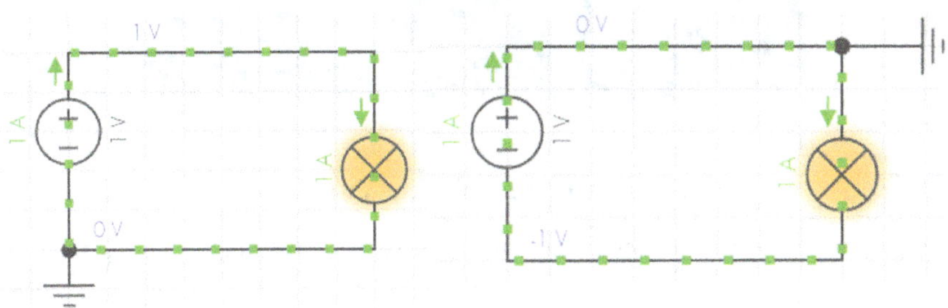

Un esquema de este tipo también puede hacerse de forma esquemática o más descriptiva (ver imagen inferior). Puedes crear estos esquemas de circuitos, por ejemplo para el mini-PC Arduino, en Tinkercad. Como podemos ver en la imagen de abajo, en este caso, por ejemplo, un LED con una resistencia está conectado a un Arduino Uno mediante cables de colores. Cada uno de los colores de los cables tiene un significado que ayuda a realizar un cableado correcto. En general, los cables rojos se utilizan para la conexión al polo positivo de una corriente continua y los negros para la conexión al polo negativo de una fuente de corriente.

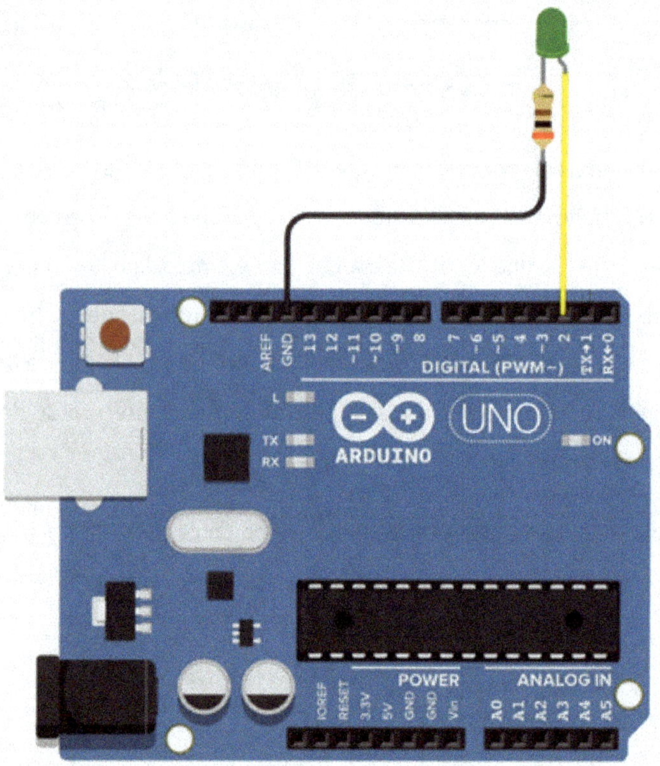

4.3 Entorno de trabajo: "Circuitos"

Ahora vamos a ver cómo podemos crear circuitos en Tinkercad. En cuanto hayamos creado un nuevo proyecto "Circuit", se abrirá el espacio de trabajo para crear circuitos eléctricos.

La zona gris es nuestro nivel de trabajo donde diseñamos nuestros circuitos. Con la ayuda de la rueda del ratón, puedes utilizar aquí la función de zoom. También puedes mover los componentes manteniendo pulsado el botón izquierdo del ratón, manteniendo pulsado el botón derecho del ratón o manteniendo pulsada la rueda del ratón.

En el lado derecho están todos los componentes electrónicos disponibles, como un LED, una resistencia, un interruptor, un condensador o una pila. También hay una función de búsqueda y la opción de mostrar componentes adicionales (cambiar de "Basic" a "All" en el menú desplegable). Además, puedes cambiar a otra disposición, la vista de lista, con el pequeño símbolo de lista en la parte superior derecha. Pruébalo. En la vista de lista también tienes una breve descripción de cada componente.

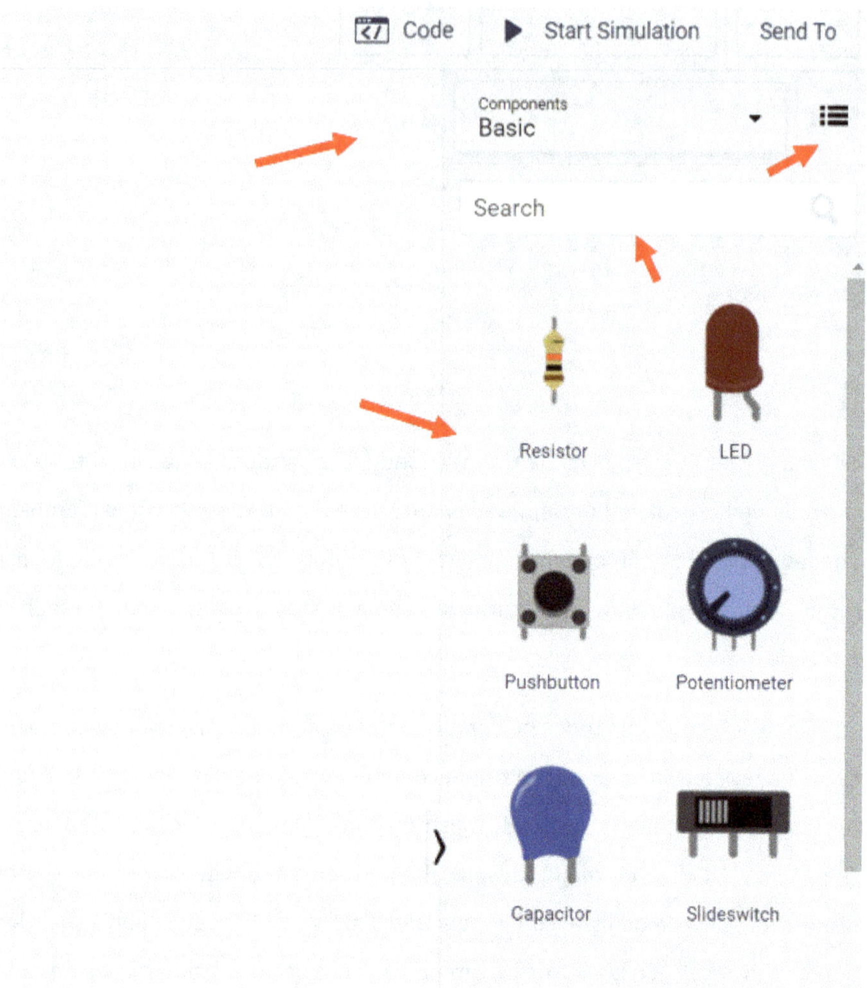

Para añadir un componente a tu circuito, sólo tienes que hacer clic sobre él y luego desplazarte al área de trabajo (izquierda) con el ratón del ordenador. Con otro clic puedes colocar el componente en cualquier posición. Hagamos esto con una resistencia, por ejemplo. En cuanto lo hayamos colocado, se abrirá una pequeña ventana en 1a parte superior derecha en la que podremos realizar los ajustes del componente. Podemos darle un nombre y, en el caso de la resistencia, fijar la resistencia, por ejemplo, 1 kOhm (1000 Ohm). Podemos abrir esta ventana de ajustes haciendo clic en el componente y cerrarla de nuevo haciendo clic en la capa.

En la zona superior derecha, puedes utilizar el botón "Code" para crear o mostrar un código de programa en cuanto tengas un componente programable, por ejemplo, un mini PC Arduino en tu circuito.

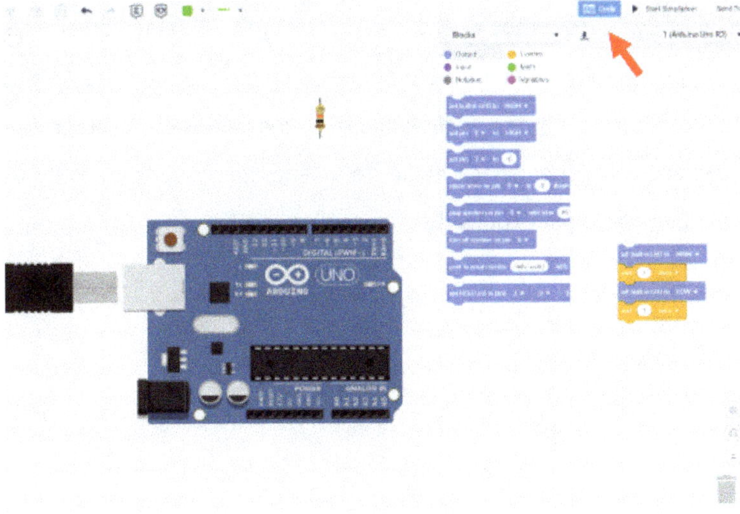

Con el botón "Start Simulation" se puede simular virtualmente el circuito creado, de modo que puedes probar aquí, en un entorno seguro, si el funcionamiento del circuito es el deseado.

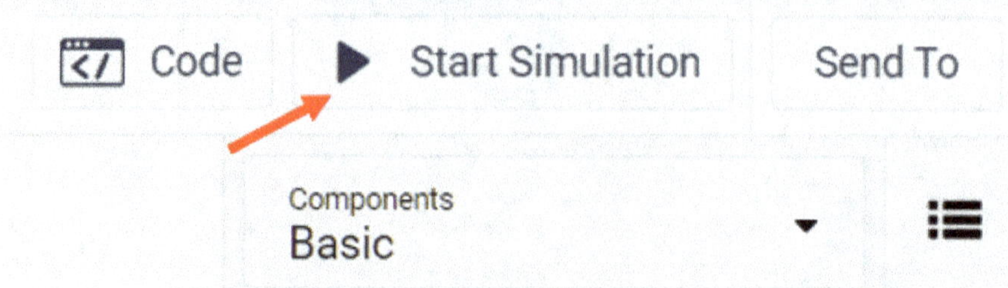

En la zona superior derecha hay dos funciones muy útiles. En primer lugar, haciendo clic en la zona de "Schematic View", puedes convertir el circuito pictórico en un circuito esquemático real y, en segundo lugar, haciendo clic en "Component List", puedes generar una lista de piezas.

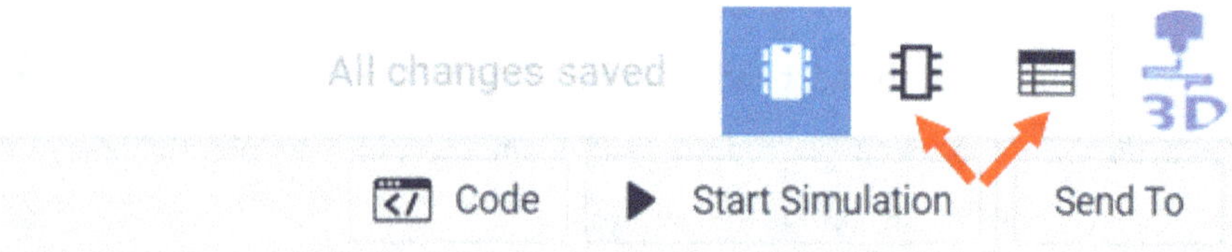

¡Super! Ahora ya conocemos el entorno de trabajo y podemos crear un primer circuito de prueba. Para ello, primero ponemos en nuestro entorno de trabajo la llamada "breadboard" o placa enchufable. Lo encontramos en la categoría "Basic" si nos desplazamos un poco hacia abajo. Sólo tienes que hacer clic en él y luego en el entorno de trabajo para colocarlo.

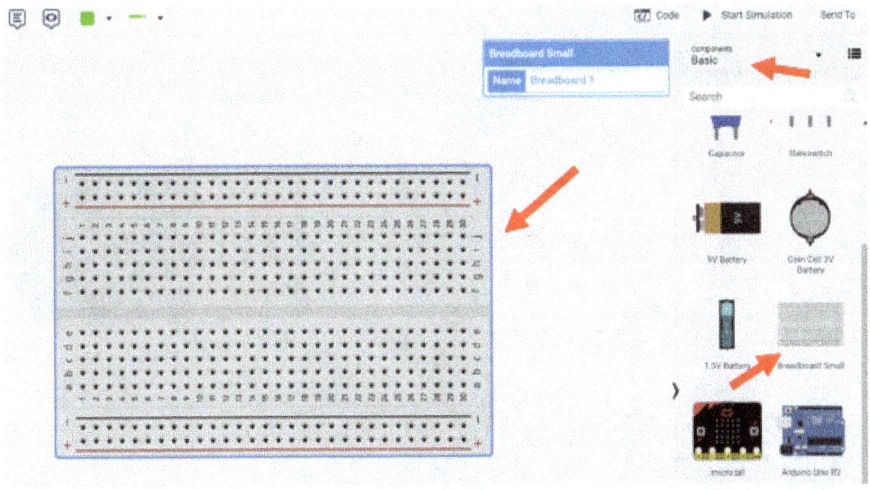

Una protoboard es la mejor manera de construir un circuito en cuanto se vuelve más complejo o contiene varias piezas. En una protoboard, hay una zona para la alimentación de la protoboard (impresión "+" y "-") y zonas con letras y números. Las clavijas que están en fila (letras: a-e y f-j) están conectadas conductivamente entre sí. Esto significa, por ejemplo, que h1 e i1 o h5 e i5 y j5 están conectados conductivamente. Los componentes y los cables se enchufan en las clavijas respectivas y, por tanto, se conectan entre sí.

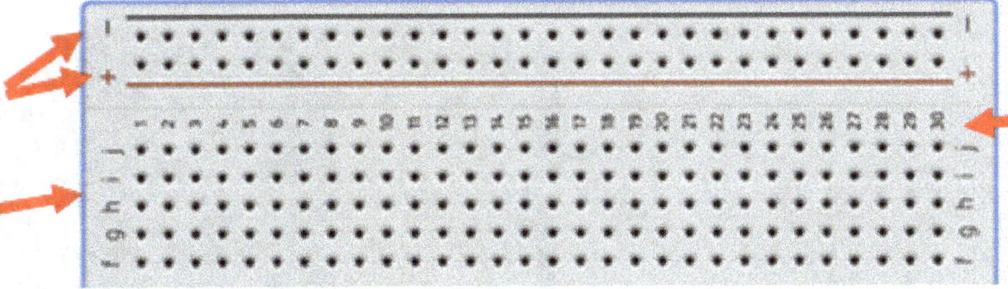

En nuestro circuito de prueba, haremos que se encienda un LED. Para ello necesitamos un LED, una resistencia (1 kOhm) y una pila de 9V. Vamos a introducir estos componentes en nuestro entorno de trabajo.

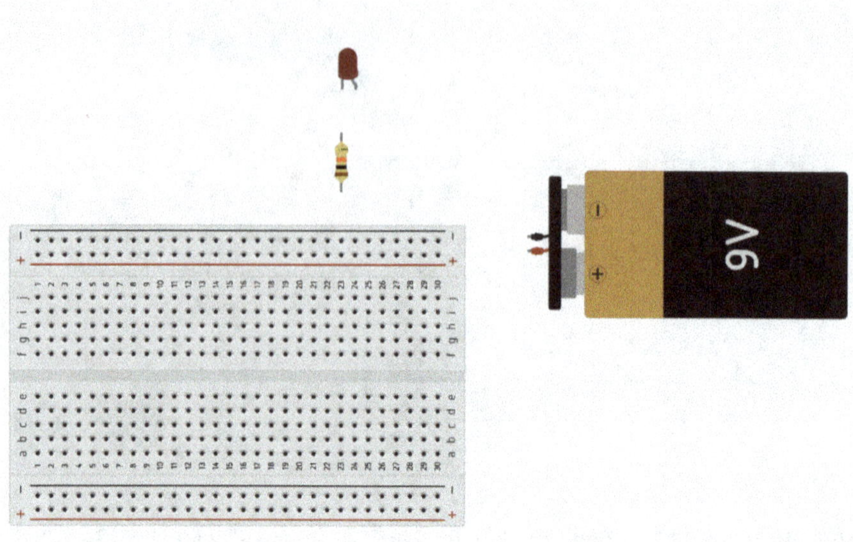

Luego hay que conectar los componentes con cables. Sin embargo, no encontraremos un plomo o un cable en la zona de selección de la derecha. Para crear un cable, simplemente hacemos clic con el ratón en un polo, por ejemplo, el polo "+" de la batería. Esto nos permite trazar una línea que represente nuestro cable.

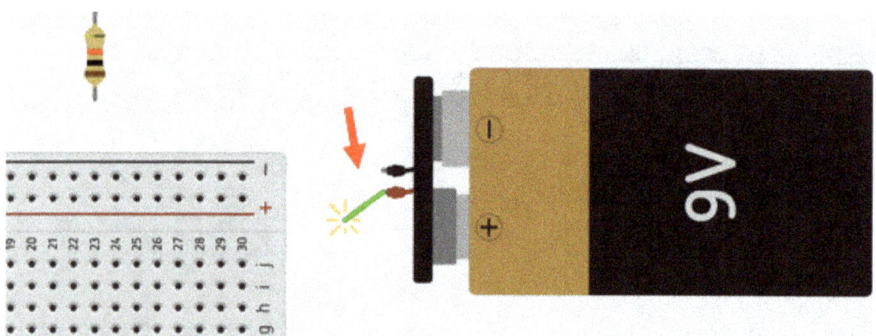

Como segundo punto de conexión para esta línea, seleccionamos una ranura de la fila "+" de la protoboard ("+" a "+").

Además, también podemos dar a la línea de conexión un color diferente, por ejemplo, rojo (para "+"). Hacemos lo mismo con el polo negativo de la batería. Lo conectamos al polo negativo de la protoboard y elegimos el color negro para esta línea "-". Ahora nuestra protoboard tiene energía.

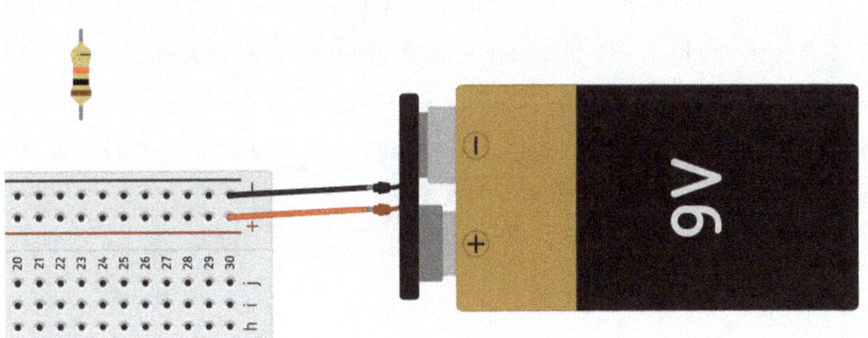

Si hacemos clic en el LED, podemos determinar el color del LED en el siguiente paso. Por ejemplo, en nuestro circuito no queremos un LED rojo sino uno verde.

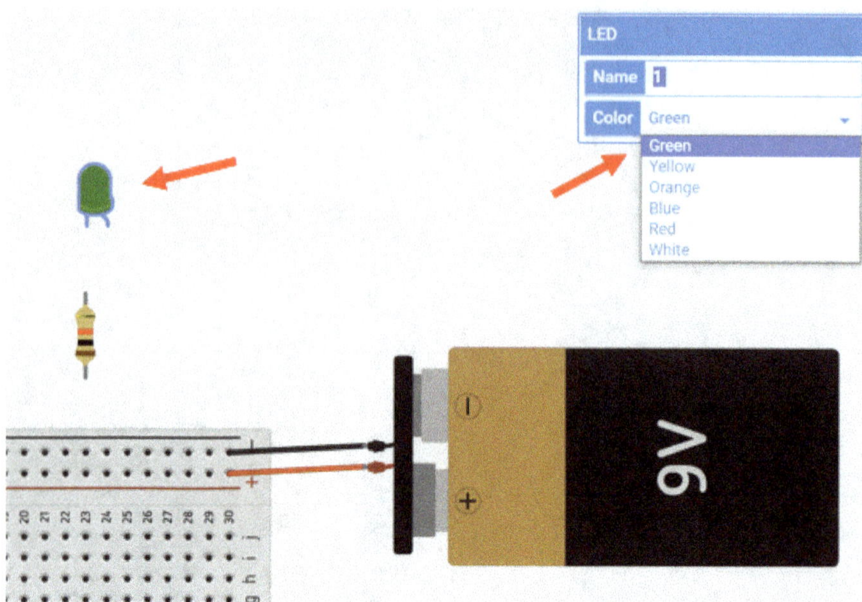

Ahora podemos conectar la resistencia y el LED. La pata recta del LED (aquí a la izquierda) representa el cátodo, es decir, el polo negativo del LED. Lo conectamos a un lado de la resistencia, no importa el lado de la resistencia. Desde la resistencia, conectamos otro cable a la línea con el polo negativo de la protoboard; de nuevo, no importa la ranura. Desde el polo positivo del LED, el llamado ánodo, conectamos otra línea a la línea con el polo positivo de la protoboard -de nuevo, no importa la ranura-. Si intercambiamos los dos polos, el LED no se encenderá después, porque el LED es un diodo que sólo deja pasar la corriente en una dirección. Por tanto, la conexión correcta es esencial en este caso. También es mejor elegir los colores correctos para los cables "-" (negro) y "+" (rojo) para facilitar la comprensión del circuito.

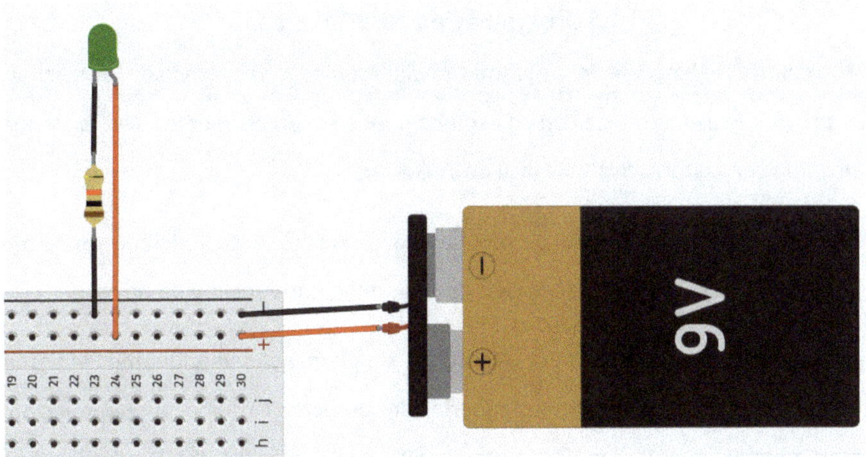

Ahora hemos conectado el LED. En realidad, se encendería inmediatamente. En Tinkercad tenemos que hacer clic en "Start Simulation". Si hemos conectado todo correctamente, el LED se ilumina. ¡Fantástico! El primer circuito electrónico funciona. Con "Stop Simulation" podemos detener la simulación del circuito.

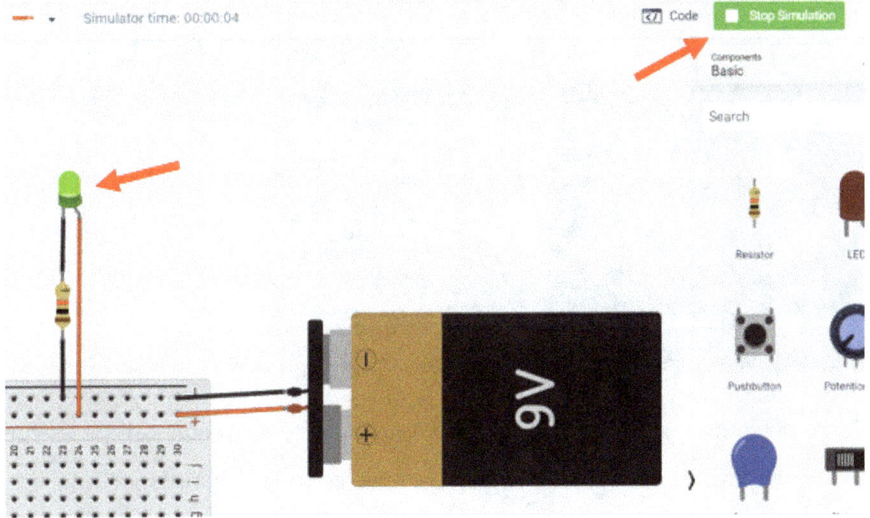

En este punto también puedes intercambiar los polos en Tinkercad y comprobar si el LED sigue encendido al iniciar la simulación.

4.4 Programación con Tinkercad

Si no conoces el lenguaje de programación del Arduino, en este caso es "C++", crear un proyecto de electrónica con un Arduino puede ser un poco difícil. Qué bien que tengamos una alternativa más fácil en Tinkercad.

Podemos programar a base de bloques en Tinkercad. Esto funciona de forma similar a los bloques de construcción que se ponen unos encima de otros.

Para empezar a programar para el Arduino, simplemente seleccionamos el botón "Code" en la barra de funciones superior del proyecto Arduino. A continuación, comprobamos que el menú desplegable está ajustado a "Blocks". A continuación se abre un espacio de trabajo a la derecha, en el que haremos la programación por bloques.

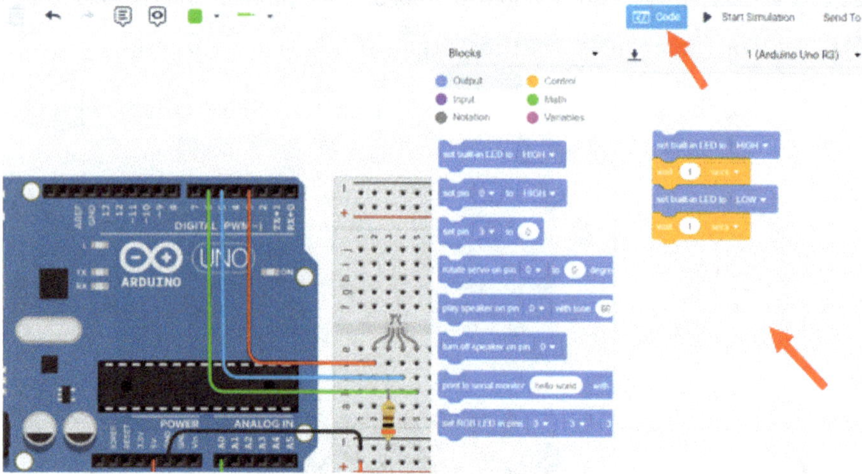

Como podemos ver, en la zona superior izquierda hay diferentes categorías con diferentes colores, en las que puedes hacer clic. En la zona inferior izquierda encontrarás los bloques de las distintas categorías. A la derecha está nuestro espacio de trabajo, que ya contiene dos bloques de muestra azules y dos naranjas.

En la zona superior, en el lado izquierdo, hay otro menú de selección, que es muy ingenioso, ya que podemos utilizarlo para cambiar entre texto y bloques. Con la opción "Blocks + Text", podemos hacer que el código del programa se muestre como texto a la derecha de los bloques. Esto significa que no tenemos que escribir ningún código de programa, sino que el programa lo genera automáticamente a partir de nuestra programación basada en bloques. Esto es muy útil para los principiantes en la programación. ¡Gran función!

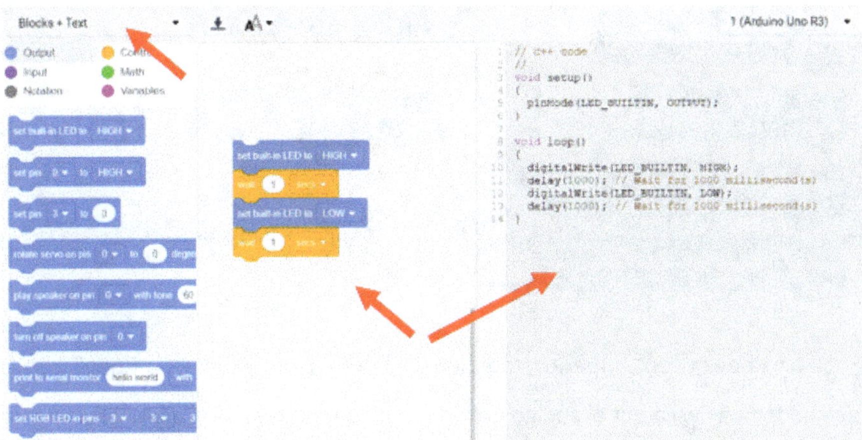

Si quieres, puedes activar esta vista y comparar línea por línea cómo se convierte en código de programa la respectiva instrucción que creamos como bloque. Sin embargo, para una mejor visión de conjunto, aquí sólo mostraré los bloques. De momento no necesitamos los bloques azul y naranja ya existentes para nuestros proyectos, así que podemos eliminarlos. Lo hacemos arrastrándolos a la papelera de la parte inferior derecha o haciendo clic sobre ellos con el botón izquierdo del ratón y seleccionando "Delete Block".

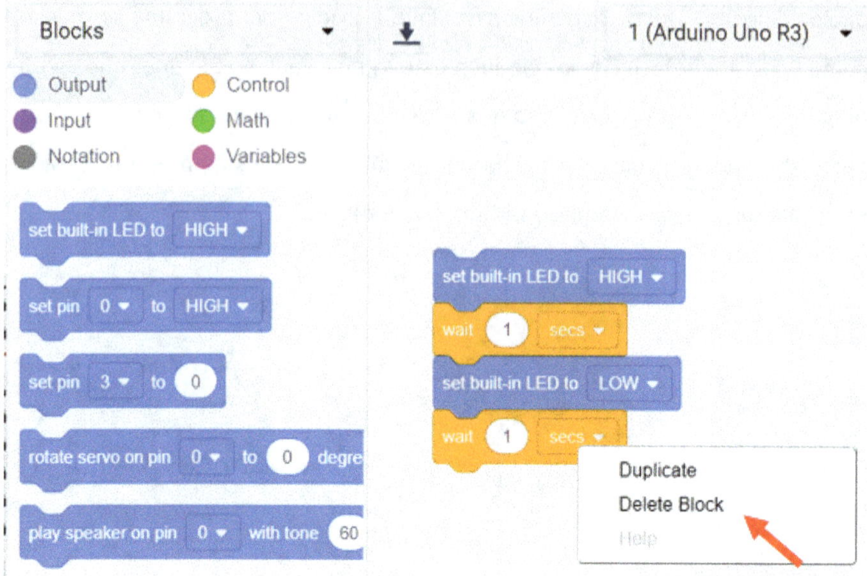

En la barra de la zona superior, también está la función "Download Code", con la que podemos descargar el código del programa para transferirlo a un Arduino real. En la parte derecha, hay otro menú "Select Device", con el que podemos seleccionar qué Arduino queremos programar. Sin embargo, esto sólo es relevante si hemos creado varios Arduino u otros microcontroladores en nuestro proyecto.

¡Fantástico! Ahora hemos adquirido algunos conocimientos previos sobre el Arduino, Tinkercad y la electrónica en general. En el siguiente capítulo, empezamos con los proyectos de bricolaje. ¡Vamos!

5 Proyecto 1 | Controlador de velocidad del motor de CC

En este proyecto hablaremos de cómo controlar la velocidad de un motor de corriente continua mediante un potenciómetro (resistencia variable).

5.1 Componentes necesarios

1 Arduino Uno

1 motor de corriente continua

1 potenciómetro (10 kOhm)

1 pantalla de multímetro

Notas sobre el motor de corriente continua:

Suponemos que el motor de corriente continua disponible en Tinkercad es un motor de corriente continua de imán permanente. Esto significa que el campo magnético necesario para el movimiento es generado por un imán permanente y, por tanto, tiene un valor fijo. La velocidad de un motor de corriente continua de este tipo es directamente proporcional a la tensión del inducido. Por cierto, el rotor del motor se denomina inducido. Por tanto, la tensión del inducido es simplemente la tensión aplicada al motor o al rotor. Para modificar la velocidad o el régimen de giro del motor, la tensión del inducido es el único parámetro variable disponible.

Notas sobre el potenciómetro (10 kOhm):

¿Qué es un potenciómetro? Un potenciómetro es simplemente una resistencia variable con tres conexiones. Tiene un valor de resistencia fijo entre los pines 1 y 3. En cambio, las resistencias entre los pines 1 y 2 o los pines 2 y 3 se pueden variar con el mando giratorio. Por tanto, puedes controlar la resistencia y, por tanto, el flujo de corriente y también la velocidad del motor.

Para el proyecto que vamos a comentar, utilizaremos un pin de entrada analógica y otro de salida analógica de la placa de desarrollo. En la placa Arduino UNO hay seis pines de entrada analógica (A0 a A5) y seis pines de salida PWM (3, 5, 6, 9, 10 y 11). Los pines de salida PWM están marcados con una pequeña línea curva delante del número del pin.

5.2 El diseño del circuito

En el primer paso, ahora diseñaremos nuestro diagrama de circuito y conectaremos los componentes comentados en Tinkercad utilizando cables. Para ello, primero consideramos un diagrama esquemático que nos muestra la estructura de nuestro circuito de forma abstracta. Vemos en la imagen que el potenciómetro se llama "RPOT1" **(5)** y el pin central de "RPOT1" está conectado a la entrada analógica A5 del Arduino "U1" **(2)**. El polo positivo del motor "M1" **(3)** debe conectarse al pin de salida

D3 (pin PWM) de la placa Arduino, mientras que el polo negativo del motor se conecta a la masa "U1_GND" **(4)**.

Las conexiones de "U1_5V" **(1)** y "U1_GND" **(4)** las realiza automáticamente Tinkercad en cuanto construimos el circuito con los componentes. Así que no tienes que preocuparte por estas conexiones.

Por cierto, puedes ver el esquema del circuito en Tinkercad cambiando a la vista esquemática una vez que hayas conectado los componentes a la placa Arduino. Eso es lo que haremos a continuación.

Esquema del circuito:

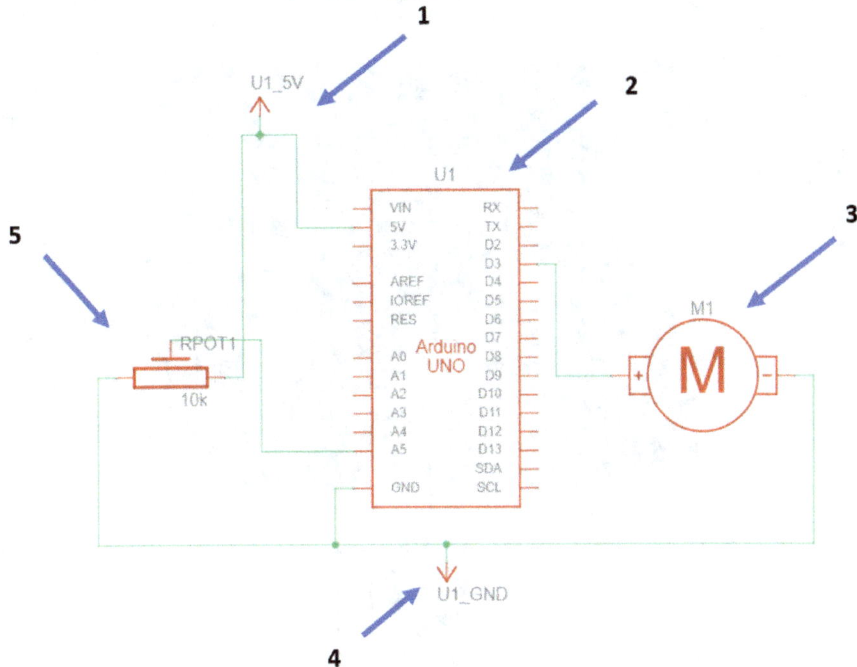

Ahora puedes añadir la placa Arduino Uno de los componentes disponibles en Tinkercad y, a continuación, añadir el potenciómetro, el motor y la pantalla del multímetro, uno tras otro, y cablearlos según el diagrama del circuito, como es habitual. Es mejor utilizar los colores del cable como se muestra en la siguiente imagen para evitar malentendidos (por ejemplo, rojo para el positivo, negro para la tierra, etc.). Deberías obtener el siguiente resultado:

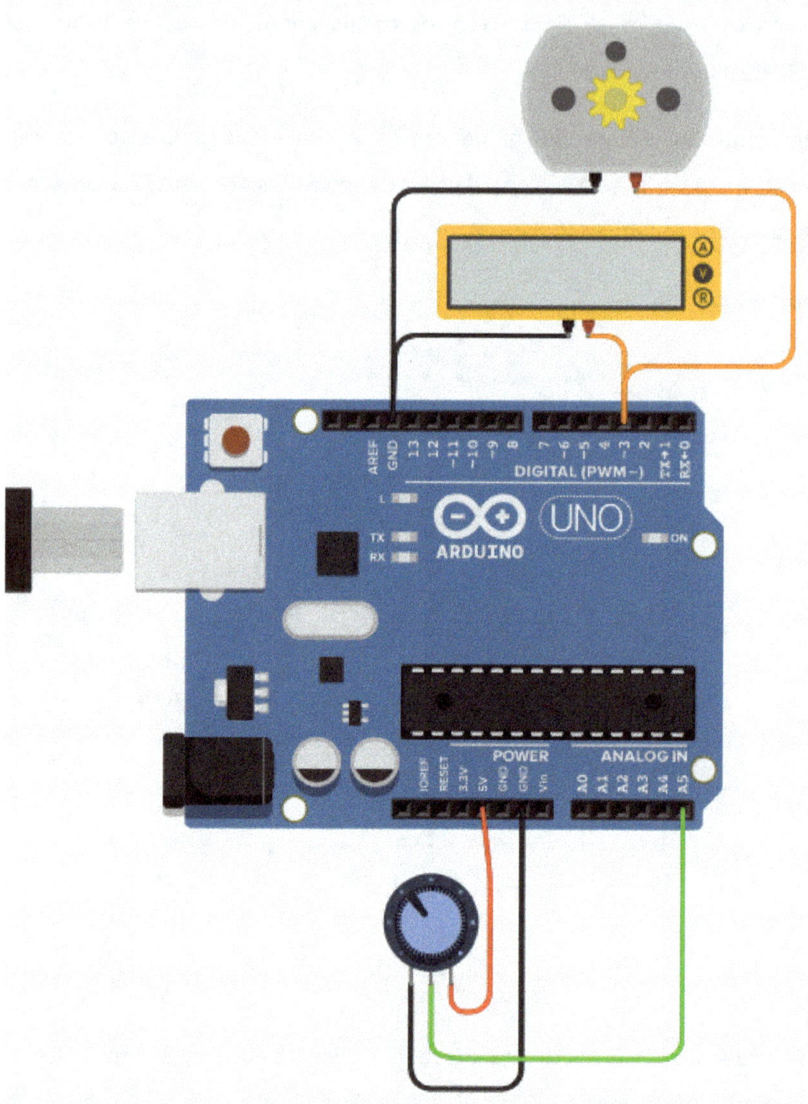

Por cierto, el multímetro está pensado para observar los cambios de tensión en función de la posición del potenciómetro, independientemente de la velocidad del motor de corriente continua.

5.3 Desarrollo del código del programa

Después de haber cableado con éxito nuestro proyecto de electrónica, el siguiente paso es hacer la programación necesaria. Para ello utilizamos la programación por bloques de Tinkercad.

Paso 1:

En aras de la claridad, pondremos un comentario al principio del código en el primer paso. Puedes encontrar el comentario en Tinkercad en la sección "Notation".

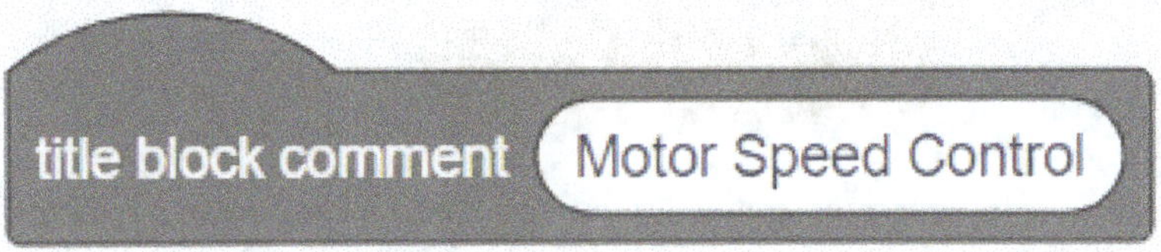

Este comentario es sólo para que el propio usuario u otro programador se haga una idea básica de lo que es este código.

Paso 2:

En el segundo paso, vamos a añadir un bloque llamado "on start", que se encuentra en la sección "Control" de Tinkercad. Este bloque es similar a la sección "Setup" de un código simple de Arduino.

El bloque se utiliza para ejecutar una determinada línea de código sólo una vez al inicio del programa. Antes de pensar en qué bloque insertar aquí, añadimos el siguiente y último bloque de control en el paso 3, de modo que ya tenemos los marcadores de posición para la estructura general del programa.

Paso 3:

En este paso elegimos un bloque "forever". Esto es similar a la sección "loop" de un código simple de Arduino.

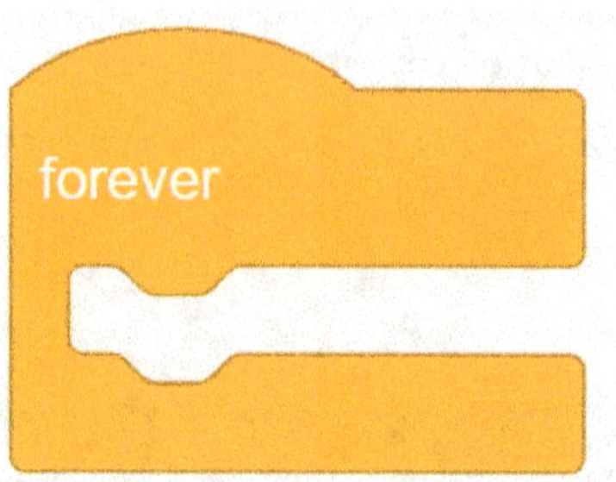

En este bloque insertaremos comandos que se ejecutarán permanentemente en cuanto se inicie el programa.

Con los pasos realizados hasta ahora, tu bloque de código debería ser como el que se muestra a continuación. Esta es la estructura básica de nuestros programas Arduino en la vista basada en bloques de Tinkercad. También puedes utilizar esta estructura en los futuros ejemplos.

Paso 4:

Para nuestro primer proyecto, ahora debemos declarar una variable que debe almacenar el valor leído en el pin de entrada analógica A5. Nuestro potenciómetro está conectado a la patilla A5. Lo hacemos creando una variable en la zona de "Variables" (rosa) con "Create variable..." y asignándole un nombre adecuado, por ejemplo "VR_Val". También puedes elegir aquí un nombre diferente, pero entonces tienes que tener cuidado de no confundirte después. Una vez creada la variable, Tinkercad te mostrará los tres bloques siguientes para que elijas. Podemos utilizar estos tres bloques en nuestro código según sea necesario.

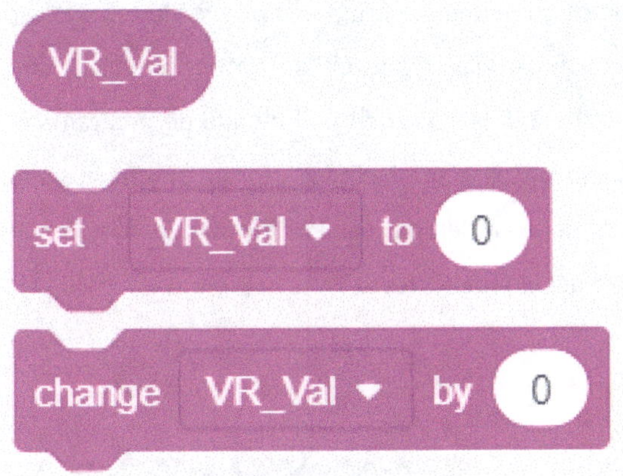

Paso 5:

Ahora todo el trabajo preliminar necesario está terminado y podemos empezar con la programación real del programa a partir de este paso. Para ello, primero haremos que la variable "VR_Val" se ponga a cero al iniciar el programa. Esto lo hacemos insertando el bloque "set ... to ..." en el área "Variables" (ver paso 4 y la siguiente imagen) en el bloque "on start" (ver paso 2 y la siguiente imagen).

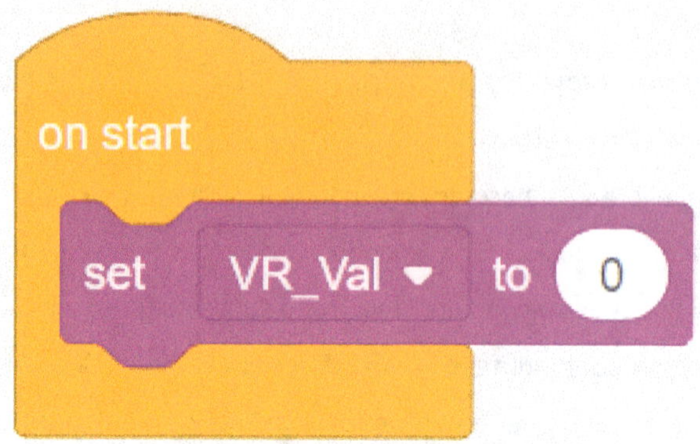

Paso 6:

Entonces necesitamos un bloque de programa que lea la tensión variable y analógica presente en el pin A5 del Arduino (conexión del potenciómetro) y la mapee en el rango entre 0 (señal de 0V) y 255 (señal de 5V). El bloque de programa debe diseñarse de forma que el proceso descrito se ejecute de forma continua, ya que el valor de la variable debe actualizarse en tiempo real. Por tanto, debemos implementar el bloque de programa dentro del bloque "forever".

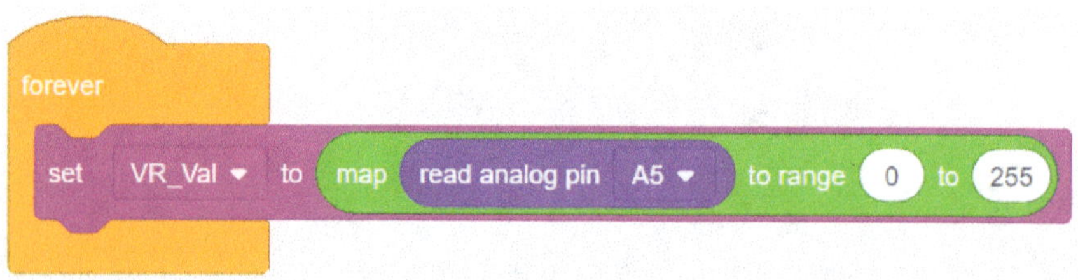

Puedes ver en la figura que el bloque principal implementado dentro del bloque "forever" es una combinación de tres bloques. Estos tres bloques se encuentran en Tinkercad en las áreas "Variables" (rosa), "Math" (verde) y "Input" (morado).

El bloque hace que el pin analógico A5 cubra un rango de 0 a 255, que se lea continuamente y que el valor leído se almacene o actualice continuamente en la variable "VR_Val".

Paso 7:

Ahora necesitamos un bloque de programa que emita una tensión a través del pin 3 del Arduino (aquí se conecta el motor), que depende del valor previamente almacenado en la variable "VR_Val". También tenemos que insertar este bloque de programa en el bloque "forever", es decir, directamente debajo de la línea anterior, porque la velocidad del motor también debe actualizarse en tiempo real con la posición del potenciómetro.

Para ello, utiliza el bloque "set pin" del área "Output". Con esto determinamos que el valor de la variable "VR_Val" debe pasarse al pin 3.

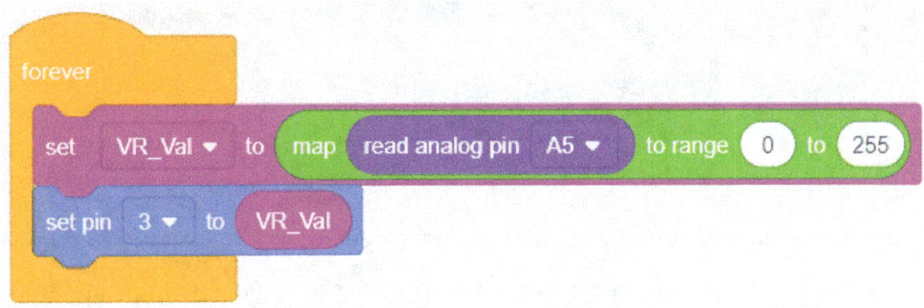

Paso 8:

Ahora ya hemos aplicado los requisitos básicos. Para que ahora también podamos comprobar el valor de la variable "VR_Val" en la ventana del monitor serie, creamos otro bloque de código. Utilizamos el bloque "print to serial monitor" de la categoría "Output" y establecemos los parámetros como se muestra en la imagen.

Ahora tu código completo debería tener este aspecto:

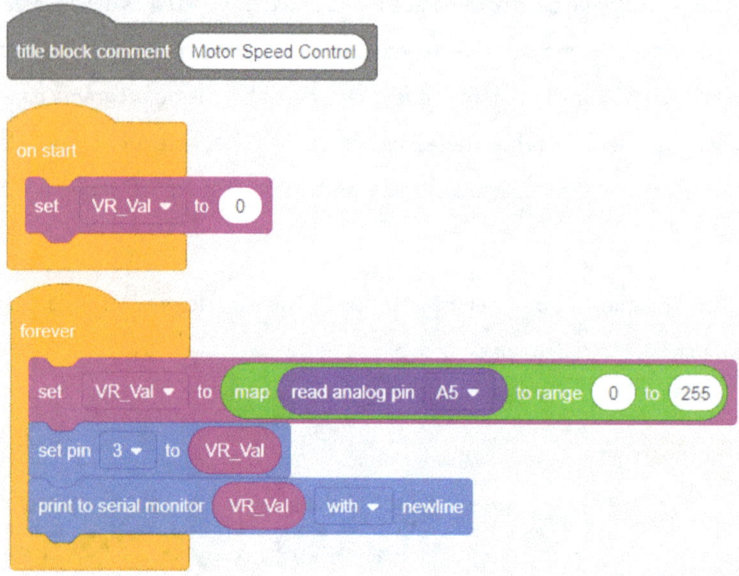

Ahora es el momento de probar el circuito y la programación virtualmente y comprobar lo que ocurre. Sólo tienes que girar el potenciómetro con el ratón. Ahora deberías ver cómo cambian tanto la tensión mostrada como la velocidad del motor.

Además, puedes abrir el monitor serie del Arduino en Tinkercad en el área de programación de bloques de la barra inferior y observar el cambio del valor de la variable "VR_Val" durante el proceso.

Serial Monitor

178
178
178
178
178
178
178
178

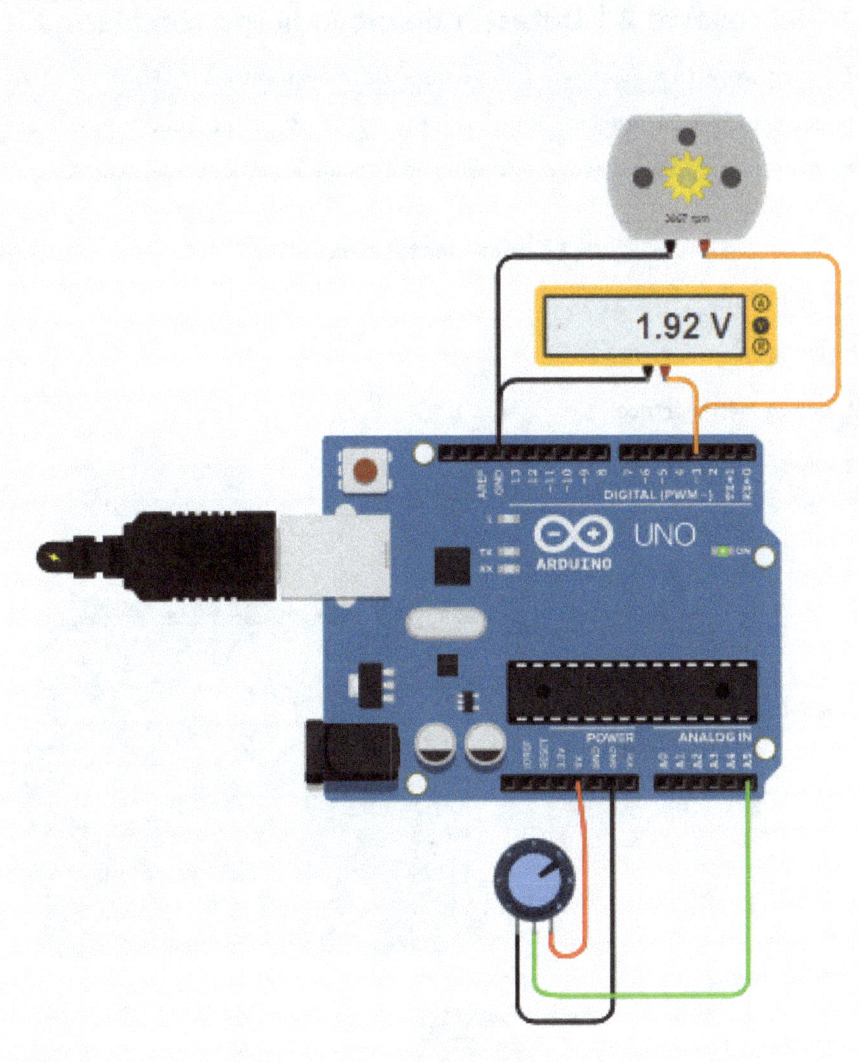
1.92 V
DIGITAL (PWM~)
UNO
ARDUINO
POWER
ANALOG IN

6 Proyecto 2 | Detector de movimiento con alarma

En este proyecto conectaremos un sensor de movimiento, un LED y un altavoz piezoeléctrico a un Arduino. El piezoeléctrico debe emitir un pitido y el LED debe parpadear cuando se detecte movimiento en el rango de detección del sensor.

6.1 Componentes necesarios

1 Arduino Uno

1 LED (azul)

1 altavoz piezoeléctrico

1 sensor PIR (detector de movimiento)

Información sobre el sensor PIR:

Un sensor PIR ("Pyroelectric Infrared Sensor" o también "Passive Infrared Sensor") es un dispositivo semiconductor que puede detectar movimientos. En realidad, el sensor detecta los cambios de temperatura, que a su vez provocan cambios de tensión. Cuando se detecta un ser vivo (calor corporal) u otra fuente de calor dentro del rango de detección, el sensor proporciona una señal digital "HIGH" (5V). Veremos cómo utilizar las tres conexiones en un momento con el diagrama del circuito.

Información sobre el altavoz piezoeléctrico:

Un altavoz piezoeléctrico es una placa fina hecha de una combinación de metal y cerámica que puede generar vibraciones cuando se aplica una tensión continua entre los dos terminales (+ y -). Entonces oímos estas vibraciones como un tono con una frecuencia determinada.

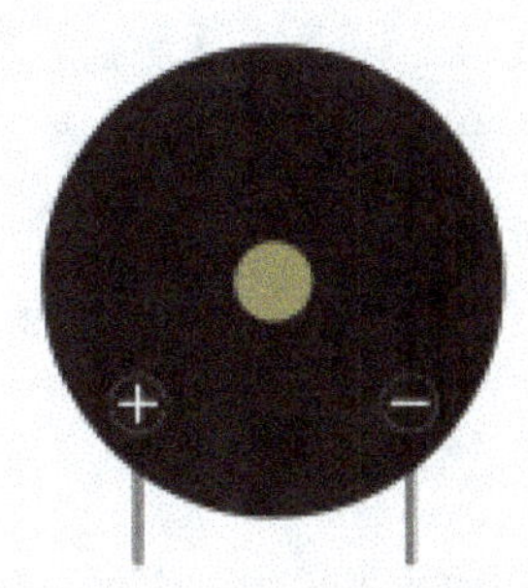

6.2 El borrador del esquema del circuito

En el primer paso, ahora diseñaremos de nuevo el diagrama del circuito de nuestro proyecto y luego conectaremos los componentes discutidos en Tinkercad utilizando cables. Para ello, primero miraremos de nuevo el diagrama esquemático del circuito para poder entender la estructura del mismo.

Vemos en la imagen que el sensor PIR etiquetado como "PIR1" **(1)** consta de tres pines, a saber, "VCC", "GND" y "OUT". De ellas, "VCC" (+) y "GND" (-) son las conexiones de alimentación que deben conectarse a la tensión de 5 V CC del Arduino UNO **(2)**. El pin de señal del detector de movimiento, etiquetado como "OUT", debe conectarse al pin 2 de entrada digital del Arduino. El pin "OUT" suministra entonces la señal de 5V a la entrada del Arduino, cuando se detecta un movimiento. Por último, las conexiones positivas del altavoz piezoeléctrico **(4)** y del LED **(3)** deben conectarse al pin digital D3 del Arduino UNO y las negativas a la masa "GND".

Esquema del circuito:

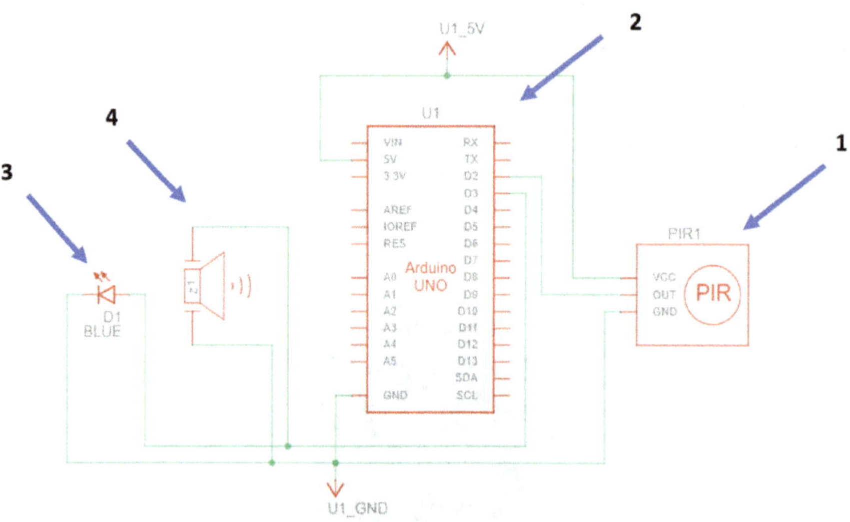

Basándote en el diagrama del circuito anterior, tienes que construir el siguiente circuito en Tinkercad en modo circuito. Como verás en el circuito, utilicé una protoboard para la realización de este circuito con el fin de que el circuito fuera más claro. Para los circuitos complejos, debes utilizar siempre una o incluso dos prototipos.

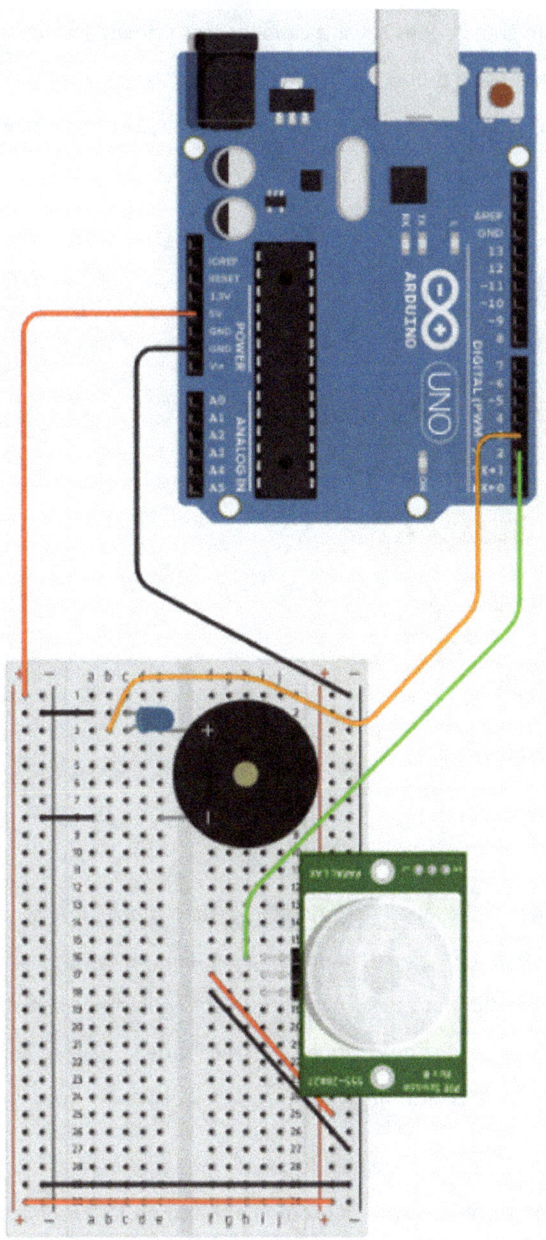

6.3 Desarrollo del código del programa

Paso 1:

Como ya hemos dicho, puedes llevar a cabo los tres primeros pasos del proyecto 1 de la misma manera para todos los proyectos, ya que representan una especie de estructura básica para todos los programas. Tu bloque de programa debería ser como el que se muestra aquí:

Paso 2:

En el siguiente paso, similar al del primer proyecto, debes implementar primero el comando necesario que se ejecutará una sola vez al inicio del programa. Sin embargo, no hay ningún comando en este proyecto que sólo queramos ejecutar al inicio. Esto significa que el área dentro del bloque **"on start"** puede dejarse libre, ya que no es necesario declarar ni inicializar nada aquí.

Sin embargo, con el bloque principal **"forever",** implementaremos algunos comandos anidados. Para el procedimiento, pensemos primero en lo que queremos conseguir. Nuestro objetivo es desarrollar el programa para que active un sonido de alarma y encienda un LED cuando se detecte movimiento en el rango de detección del sensor PIR.

Teniendo en cuenta este requisito, podemos implementar primero un bloque "Repeat" (categoría naranja: "Control") dentro del bloque "Forever" para imitar un bucle "While". Esto se utilizaría en un lenguaje de programación basado en texto para ejecutar una orden siempre que se dé una situación determinada. Hay dos tipos de bloques de "repeat" en Tinkercad. Aquí necesitamos el bloque con las opciones "while" y "until".

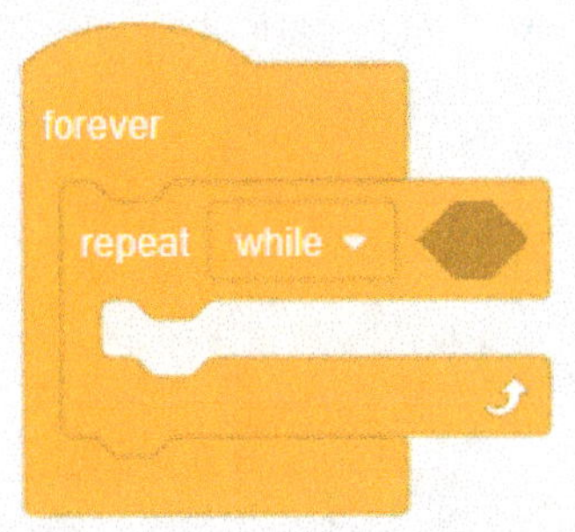

Paso 3:

El siguiente paso es completar el campo hexagonal vacío del bloque "repeat ...while ...". para que la orden que añadamos al bloque en el siguiente paso se repita hasta que se cumpla una determinada condición. Para completar la declaración condicional, añade un bloque de comparación, que puedes encontrar en la categoría Matemáticas (verde) en Tinkercad. A continuación, sólo tienes que arrastrar el bloque al espacio previsto.

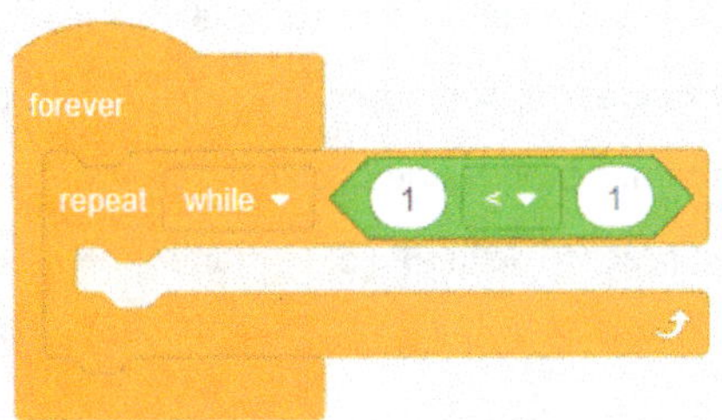

Paso 4:

En el siguiente paso tienes que definir los dos parámetros que quieres comparar. También debes definir el tipo de comparación dentro del bloque "repeat". Todos los comandos que introduzcamos en los siguientes pasos dentro de este bloque sólo deben ejecutarse si se detecta un movimiento dentro del rango de detección del sensor PIR. Esto significa que tenemos que hacer leer la señal del sensor PIR en el pin digital 2 del Arduino y comprobar si esta señal corresponde al estado de 5V (señal digital ALTA; el detector de movimiento detecta un movimiento). ¿Por qué escribimos un "1" aquí? Como recordarás, en el contexto del Arduino y del sistema binario, el número "1" representa esta señal de 5V (señal HIGH). Con una señal de 0V (señal BAJA) utilizaríamos un "0".

Paso 5:

El siguiente paso es crear los comandos que generan un pitido cuando el sensor PIR detecta movimiento. Con un altavoz piezoeléctrico, hay que generar una cadena continua de impulsos de tensión con una frecuencia más alta para producir un tono. Por ejemplo, podemos mapear el sonido como una serie de pitidos, con pequeñas pausas. Para ello necesitamos bloques de la categoría "Control" (naranja) y "Output" (azul). Lo pondríamos en práctica de la siguiente manera.

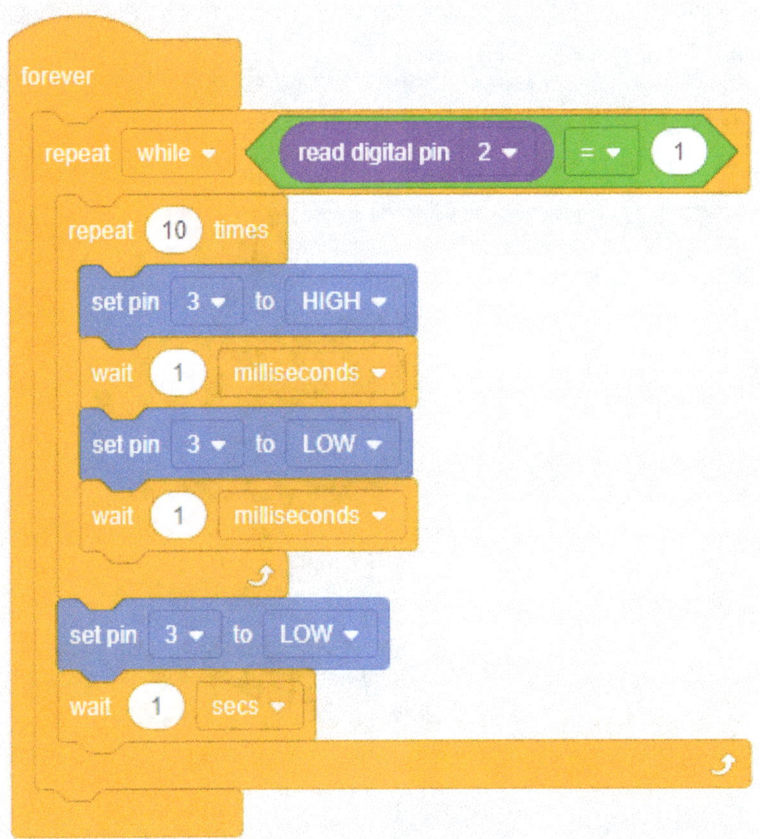

Como puedes ver, hay retrasos de milisegundos y de segundos en el código de nuestro programa. El retardo de milisegundos asegura que la placa piezoeléctrica reciba un impulso continuo, y el segundo retardo asegura que el tono de pitido se detenga brevemente. Así, el sonido que emite la placa piezoeléctrica cuando se detecta el movimiento suena como "bip-bip-bip...". Para entenderlo mejor, es aconsejable ajustar los retrasos individuales paso a paso y observar los cambios en la salida.

Además, el LED se alimenta en el mismo esquema, ya que también está conectado al mismo terminal. Sin embargo, la primera orden de "LOW", es decir, la desconexión, es de muy corta duración y no se percibe a simple vista. Por tanto, sólo vemos que el LED se enciende si se ha detectado movimiento, y luego se apaga con un retraso de un segundo y se vuelve a encender. Este proceso continúa hasta que no se detecta más movimiento.

Tu bloque de programa completo debería tener este aspecto:

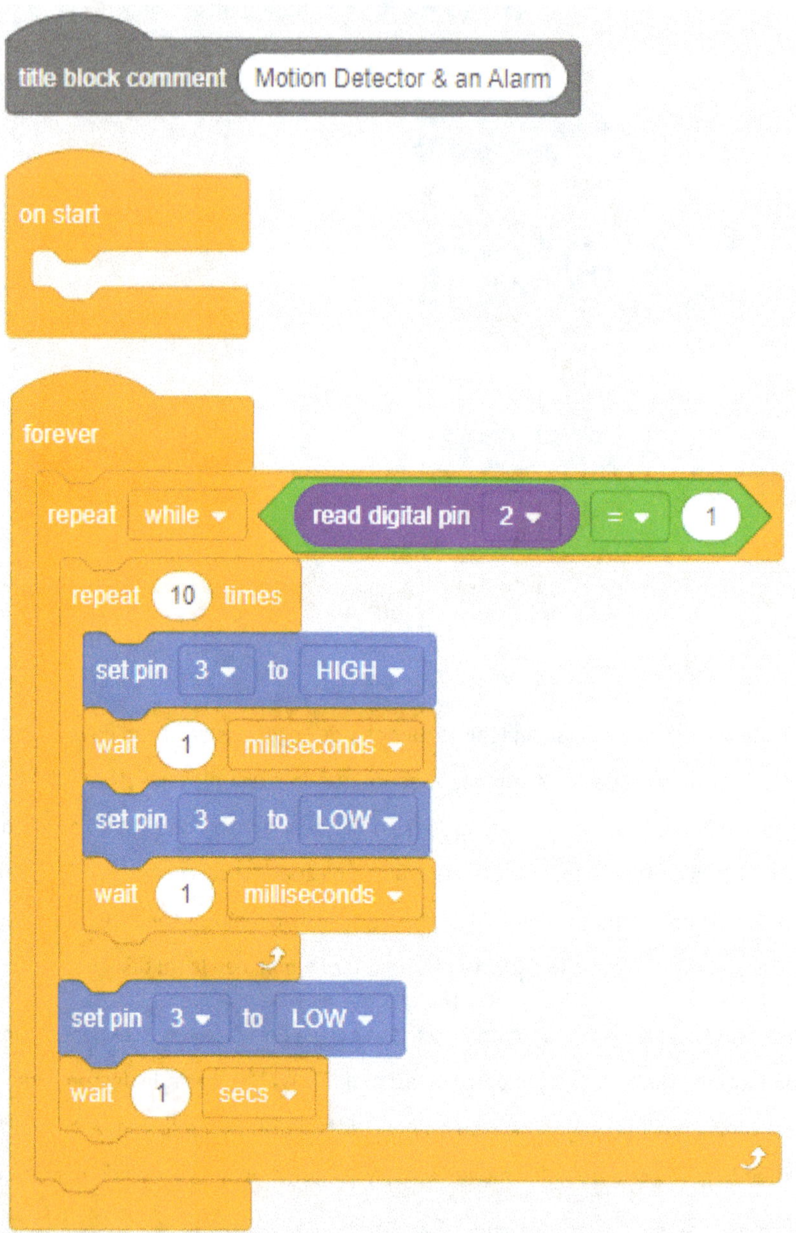

7 Proyecto 3 | Control de dirección para robots de juguete

En este proyecto crearemos un mecanismo de dirección para un robot. El robot está disponible aquí, por ejemplo: https://www.amazon.com/dp/B01LXY7CM3/

Si abre la página web puedes ver que la rueda delantera puede girar 360 grados, por lo que puedes dirigir el chasis del robot en la dirección deseada con movimientos de las dos ruedas traseras. En este proyecto controlaremos el robot mediante un mando con cable. Nuestro principal objetivo en este proyecto es familiarizarnos con los conceptos de programación para controlar dos motorreductores con control de velocidad integrado.

7.1 Componentes necesarios

1 Arduino Uno

1 potenciómetro (250 kOhm)

1 Controlador de motor híbrido L293 D

2 motorreductor

Información sobre el motorreductor:

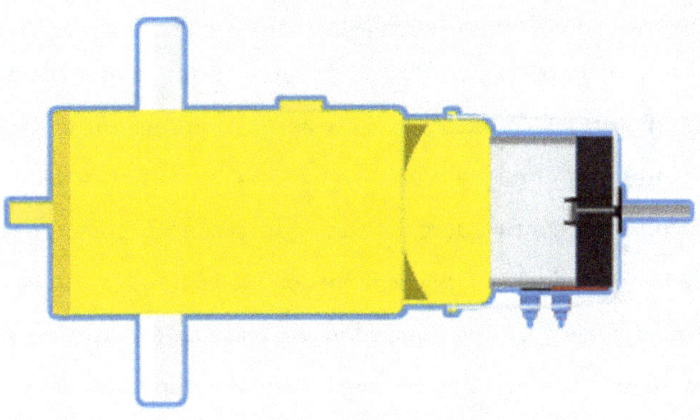

Como se describe en la introducción de este proyecto, utilizaremos dos motorreductores para accionar las dos ruedas traseras. Un motorreductor es un componente especial formado por un motor de corriente continua y un reductor integrado. Esto permite generar un par mayor en comparación con el par de un solo motor de corriente continua. La caja de cambios reduce la velocidad del motor, pero aumenta el par. Es necesario un par de torsión elevado para que el robot, pesado y de gran tamaño, pueda moverse contra el rozamiento de los neumáticos. El motor integrado en este conjunto es un motor convencional de 5 V CC.

Información sobre el controlador de motor híbrido L293 D:

Este proyecto tiene una estructura algo más compleja que los dos anteriores. Entre otras cosas, esto se desprende del hecho de que necesitamos un controlador de motor para este proyecto, más concretamente el controlador de motor híbrido L293D. Necesitamos este circuito integrado "IC" (Integrated Circuit) porque puede controlar la velocidad del motor y la posición de giro de dos motores de corriente continua simultáneamente. Este CI puede proporcionar señales de control de 0 - 5V que son compatibles con microcontroladores o placas de desarrollo como el Arduino UNO, mientras que la tensión del bus de corriente continua para los motores es superior a 5V DC. Sin embargo, no necesitamos saberlo con tanto detalle para nuestro proyecto. Si quieres entenderlo con más detalle, puedes encontrar información y diagramas de circuito de este CI en la hoja de datos oficial en el siguiente enlace:

https://cdn-shop.adafruit.com/datasheets/l293d.pdf

Para nuestro proyecto, sólo necesitamos la siguiente asignación de pines del CI:

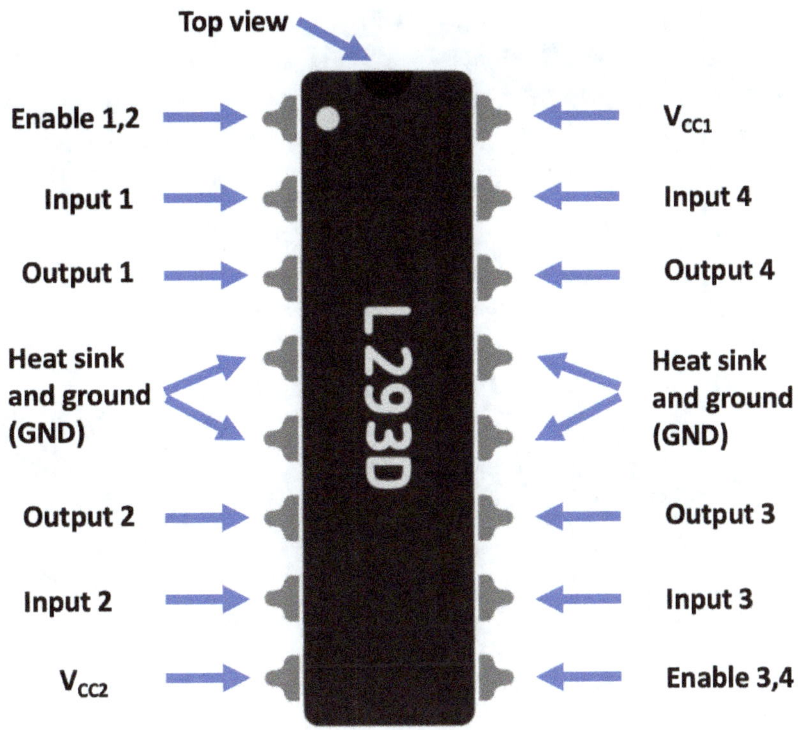

7.2 El borrador del esquema del circuito

En el primer paso, ahora diseñaremos de nuevo el diagrama del circuito de nuestro proyecto y luego conectaremos los componentes discutidos en Tinkercad utilizando cables. Para ello, primero miraremos de nuevo el diagrama esquemático del circuito para poder entender la estructura del mismo.

Esquema del circuito:

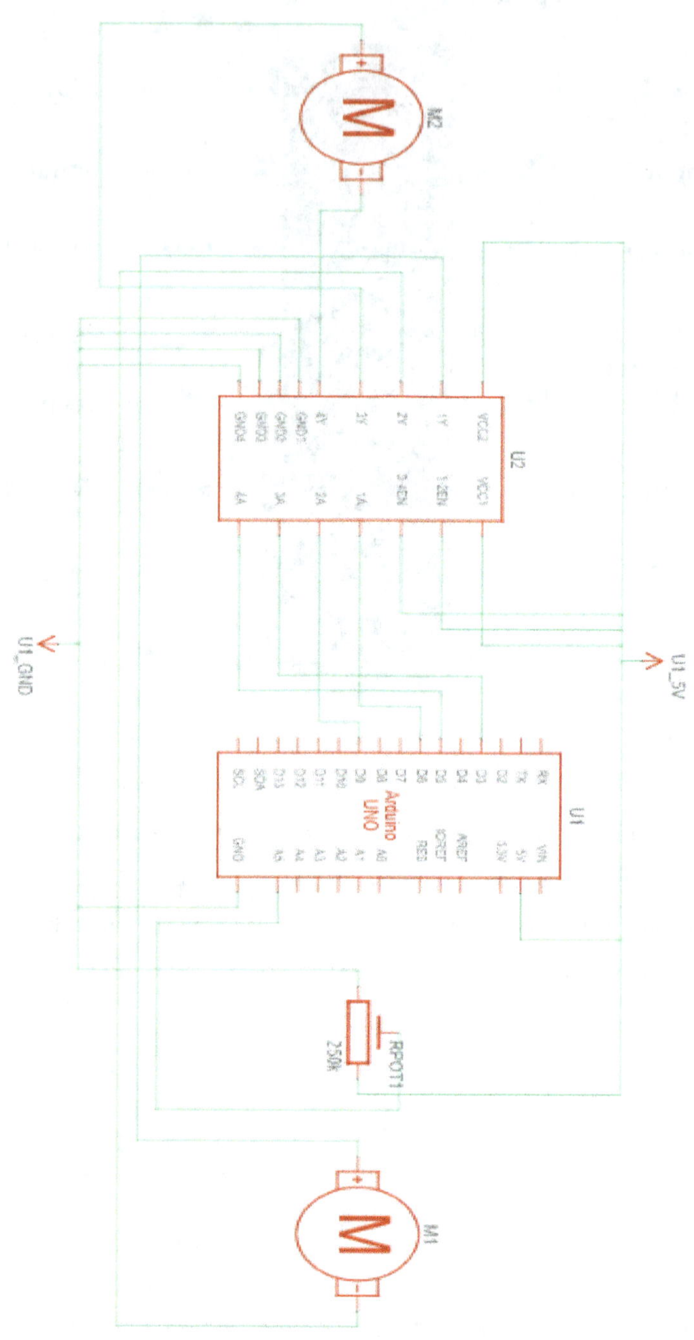

Si echamos un vistazo al esquema del circuito, podemos ver que los cuatro pines de salida del Arduino D3, D5, D6 y D9 están conectados respectivamente a los cuatro pines de referencia de velocidad 1A, 2A, 3A y 4A del CI de control del motor. Esto establece la conexión entre el Arduino y el controlador del motor. Además, el potenciómetro se conecta entre los polos + y - del sistema y el pin de entrada analógica A5 del Arduino. El resto del cableado es para la fuente de alimentación. Si te parece un poco complicado en este momento, sólo tienes que orientarte hacia el siguiente punto, el montaje virtual de los componentes en Tinkercad.

Como puedes ver en la siguiente imagen, también utilizamos una protoboard para desarrollar este circuito.

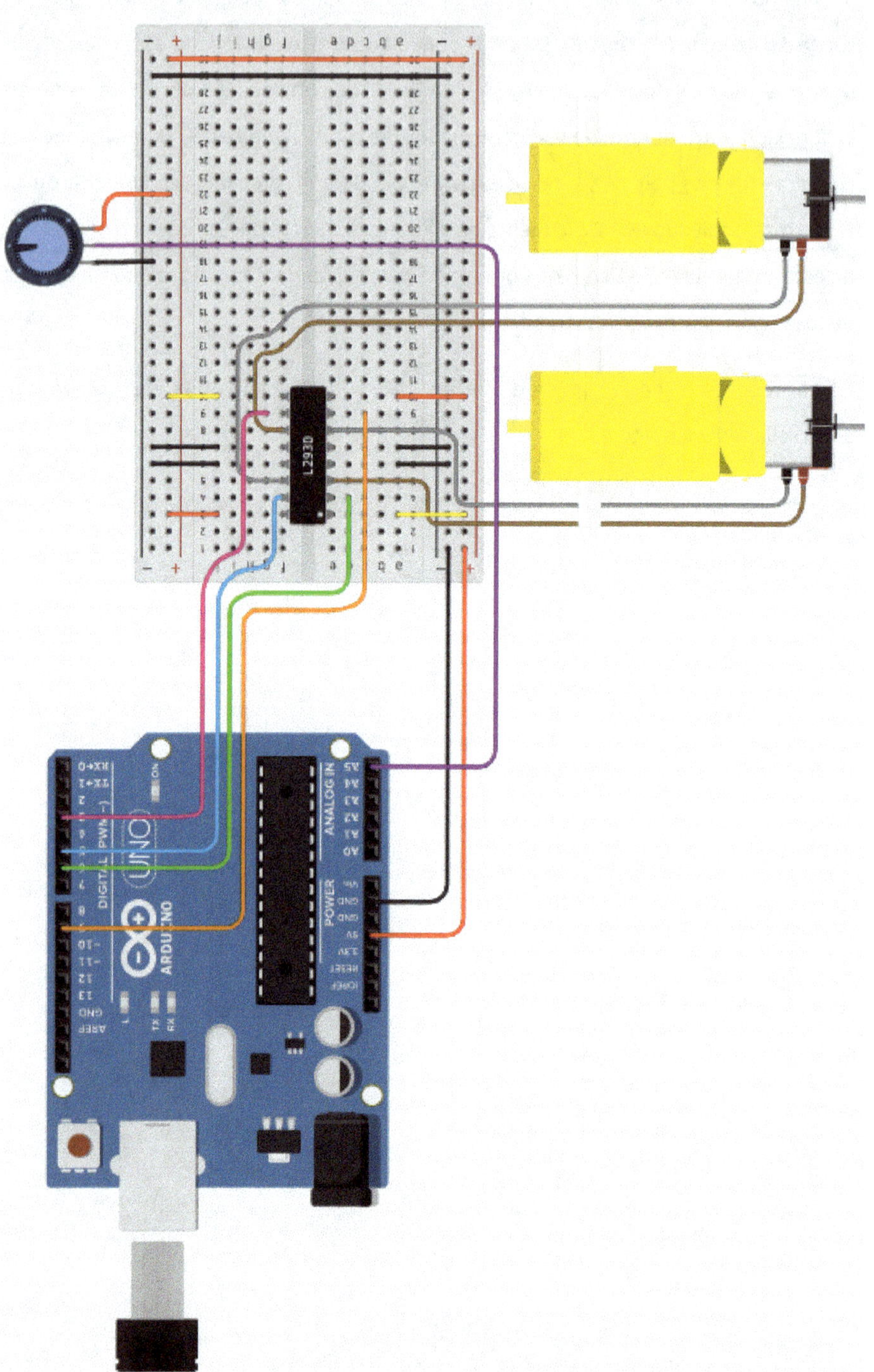

7.3 Desarrollo del código del programa

Paso 1:

Puedes realizar los tres primeros pasos del proyecto 1 exactamente igual para este proyecto. Entonces deberías tener la siguiente estructura básica.

Paso 2:

En el segundo paso, tenemos que crear una variable que sirva para almacenar el valor de la entrada analógica, que se lee a través del pin analógico A5 del Arduino. Según el esquema de nuestro circuito, aquí llega la señal del potenciómetro. En el bloque "Variables" puedes crear una variable de este tipo de forma habitual con "Create variable ...". Usamos, por ejemplo, el nombre seleccionado arbitrariamente "VR_Pos".

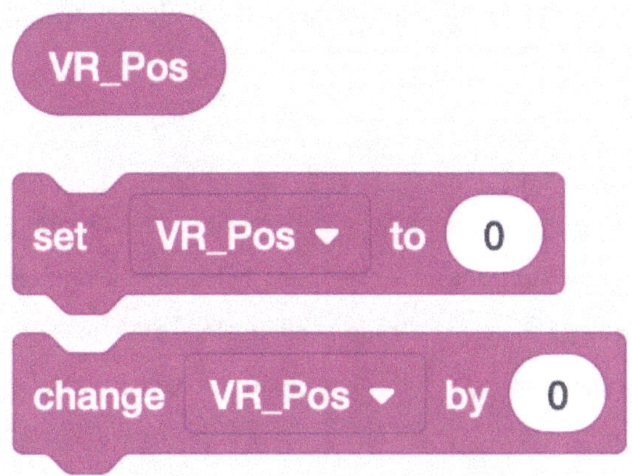

Como puedes ver, entonces tienes tres opciones de bloque de programa. Un bloque para referenciar la variable dentro de otro bloque de código, un bloque para establecer la variable a un valor deseado ("set ...") y un bloque para cambiar la variable por un valor deseado ("change ...").

Paso 3:

Luego, en nuestra programación por bloques, hay que implementar un bloque de comandos que lea el valor de la entrada analógica del pin A5 del Arduino y lo almacene en la variable "VR_Pos". Además, la lectura del pin analógico y la asignación a la variable deben ser continuas. Por lo tanto, el bloque de programa debe implementarse dentro del bloque principal "forever" de la siguiente manera

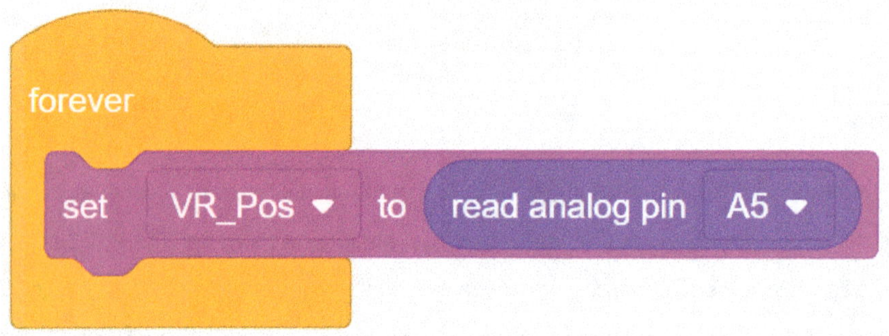

Aquí cabe añadir como nota que los pines de entrada analógica del Arduino UNO tienen una resolución de 10 bits, lo que permite leer un valor de tensión analógica entre 0 y 1023.

Paso 4:

Con respecto a la legibilidad del código y para facilitar la resolución de problemas en caso de que algo no funcione, en este paso construimos primero un bloque de comandos que muestra el valor aplicado al pin analógico A5 del Arduino (procedente del potenciómetro) en el monitor serie. Este bloque de comandos debe añadirse dentro del bloque "forever".

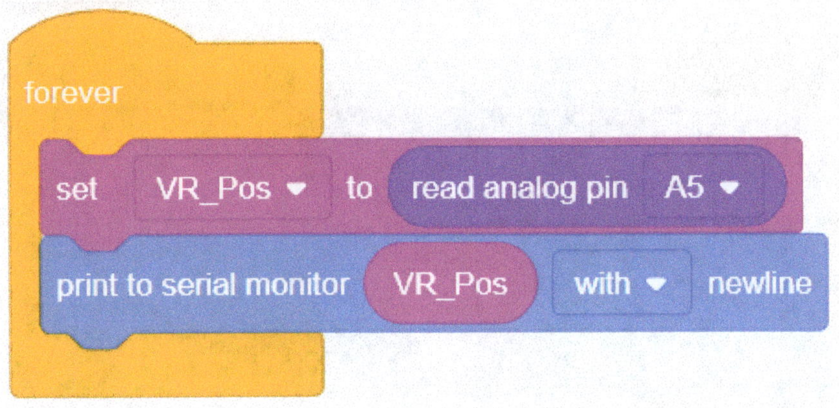

Paso 5:

La base para poder dirigir el chasis del robot es que las dos ruedas traseras deben girar a diferentes velocidades. Por tanto, el requisito básico es que las velocidades de los dos motorreductores sean inversamente proporcionales. Dependiendo de la posición del potenciómetro -imagínalo como un volante que gira alrededor de un eje- las ruedas giran en direcciones opuestas. Por ejemplo, si la rueda izquierda gira hacia delante y la derecha hacia atrás, diriges hacia la derecha. Sin embargo, si la rueda derecha gira hacia delante y la izquierda hacia atrás, diriges hacia la izquierda. Para conseguir este mecanismo de dirección, hay que mapear en el código del programa dos de las salidas PWM de Arduino, ambas con referencia a la posición del potenciómetro y opuestas entre sí. Esto lo conseguimos mapeando el pin 3 con el bloque de código "map ..." y el valor leído del pin A5 (potenciómetro) de 0 a 255. Por otro lado, mapeamos la patilla 6 con el bloque de código "map ..." y el valor leído de la patilla A5 (potenciómetro) exactamente al revés, es decir, de 255 a 0.

¿Por qué 0 y por qué 255? Porque los pines de salida PWM del Arduino UNO tienen una resolución de 8 bits que permite variar el valor decimal de una salida de tensión correspondiente de forma continua entre 0 y 255, es decir, a 0 no hay tensión y a 255 la mayor tensión posible.

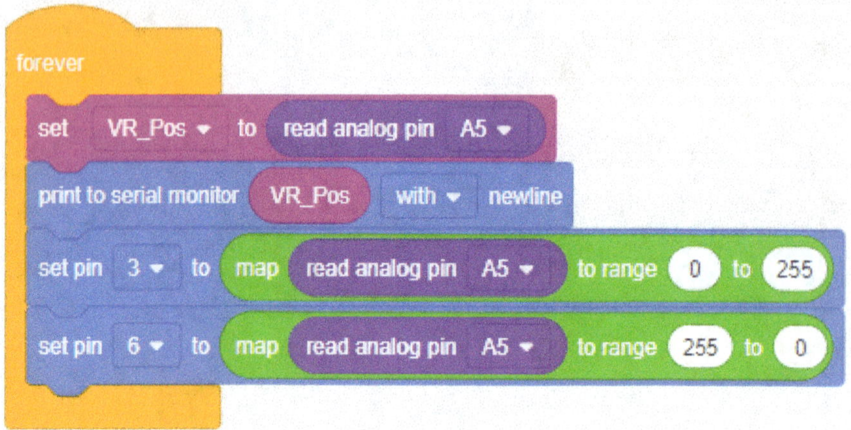

forever
set VR_Pos to read analog pin A5
print to serial monitor VR_Pos with newline
set pin 3 to map read analog pin A5 to range 0 to 255
set pin 6 to map read analog pin A5 to range 255 to 0

8 Proyecto 4 | Termómetro digital

En este proyecto, crearemos un termómetro basado en Arduino con el que podremos mostrar la temperatura medida en una pantalla LCD. Para ello, también tenemos que ocuparnos de la conversión de la lectura del sensor en la unidad °C.

8.1 Componentes necesarios

1 placa Arduino Uno

1 sensor de temperatura TMP36

1 pantalla LCD I2C 16x2

Información sobre el sensor de temperatura TMP36:

El TMP36 es un sensor de temperatura de baja tensión. La particularidad de este sensor de temperatura es su linealidad en todo el rango de medición de la temperatura. El sensor tiene tres conexiones: "+VS", "GND" y "Vout". La patilla "Vout" de este sensor proporciona una tensión de salida que es linealmente proporcional a la temperatura medida en grados Celsius. La tensión de funcionamiento del sensor es de 5V CC, lo que permite utilizarlo directamente con un Arduino UNO. Por cada grado centígrado de cambio de temperatura, la tensión de salida cambia en 10 milivoltios. A 25 °C, la tensión de salida es de 750 mV. Puedes descargar una hoja de datos completa en el siguiente enlace:

https://www.analog.com/media/en/technical-documentation/data-sheets/TMP35_36_37.pdf

Información sobre la pantalla LCD:

La pantalla de caracteres LCD basada en I2C seleccionada puede utilizarse fácilmente con una placa de desarrollo Arduino UNO. En comparación con los visualizadores de caracteres LCD convencionales que requieren un gran número de cables entre el microcontrolador y el visualizador LCD, este módulo facilita el trabajo del usuario al permitir la conexión con sólo cuatro cables. Sólo dos de ellos son líneas de datos, mientras que los otros dos pines "VCC" y "GND" son para la alimentación. Todas las conexiones se pueden alimentar directamente a través del Arduino. El protocolo de comunicación utilizado es I2C, por lo que sólo se necesitan los pines "SDA" y "SCL" para la transmisión de datos. Asegúrate de elegir la pantalla LCD adecuada. Así que necesitamos el "LCD 16x2 **(I2C)**", que puedes encontrar en la imagen en la zona inferior izquierda. Probablemente tendrás que cambiar el menú desplegable de la parte superior de la ventana de componentes de "Basic" a "All" para ver las pantallas.

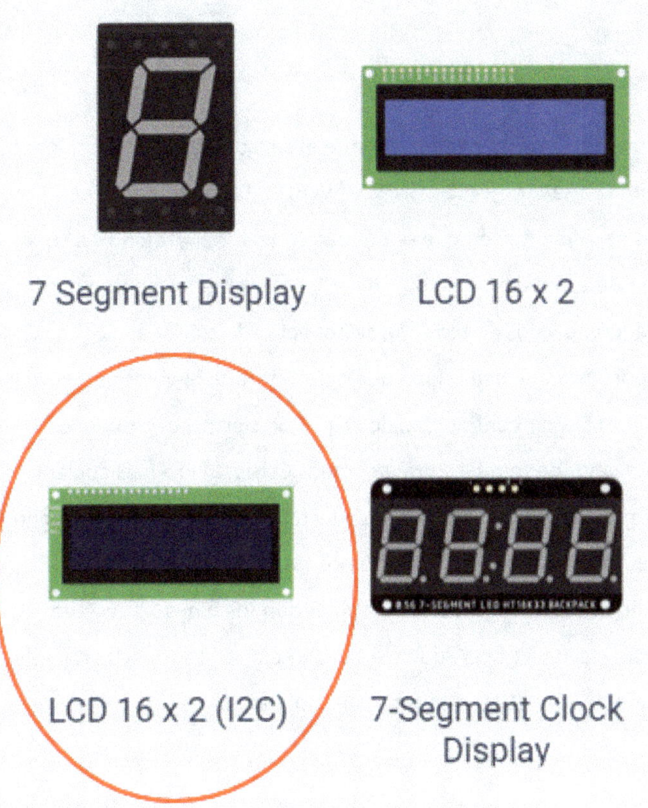

8.2 El borrador del circuito

Esquema del circuito:

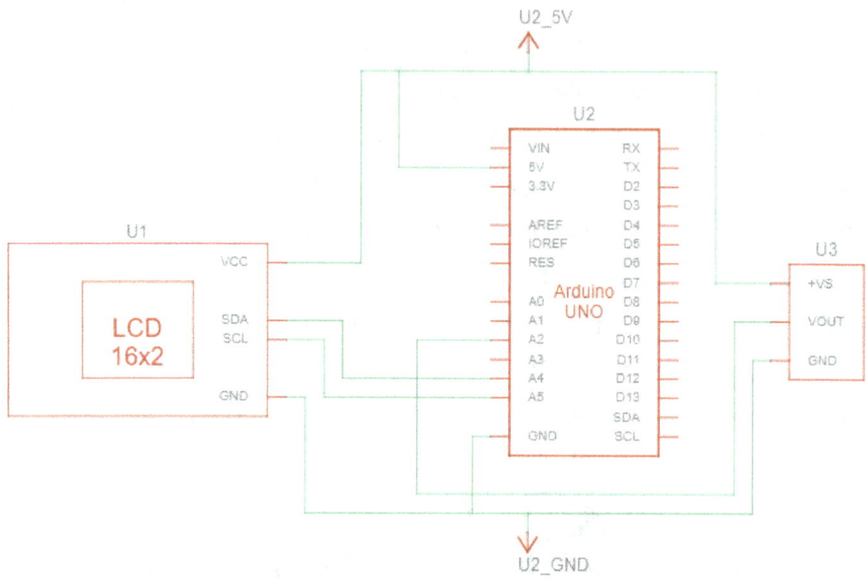

En el esquema del circuito, puedes ver que el sensor TMP36, denominado aquí "U3", tiene tres pines, a saber, "+VS", "GND" y "VOUT". De estos tres pines, "+VS" y "GND" son los pines de alimentación que se pueden conectar al Arduino y a su tensión de 5 V DC. La clavija de señal denominada "VOUT", que posteriormente emite el valor de la temperatura (como valor de tensión), se conecta a la clavija analógica A2 del Arduino UNO. Es importante que sea un pin analógico, porque el valor que entrega el sensor TMP36 es una tensión continua analógica. Por cierto, luego puedes convertir esta tensión en un valor de temperatura en grados Celsius. Pero más adelante hablaremos de ello. Además, todavía tenemos que conectar la pantalla LCD al Arduino en nuestro diagrama de circuito. Para ello, conectamos las conexiones I2C a los pines analógicos A4 y A5 de la placa Arduino. Estos dos pines son los pines I2C estándar del Arduino. Conectamos la clavija A4 del Arduino a "SCL" (Reloj en serie) de la pantalla y la clavija A5 del Arduino a "SDA" (Datos en serie) de la pantalla.

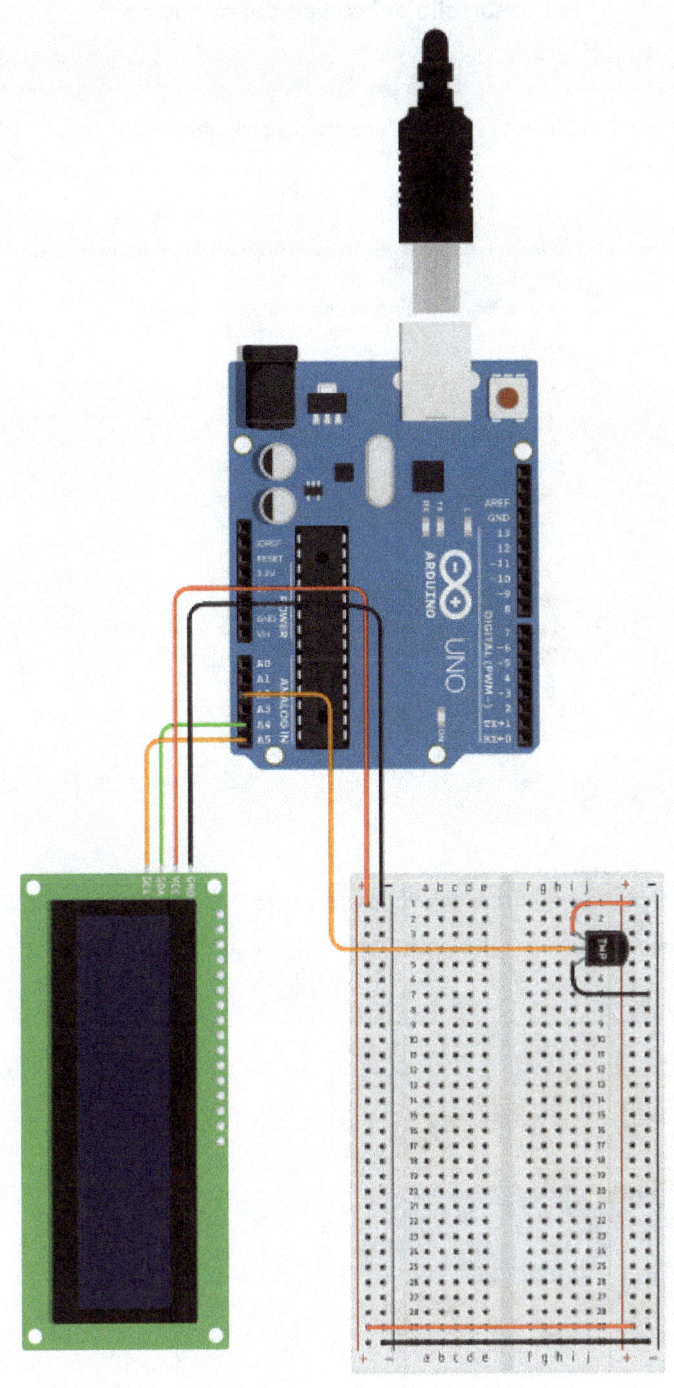

8.3 Desarrollo del código del programa

Paso 1:

Primero creamos de nuevo la estructura básica del programa.

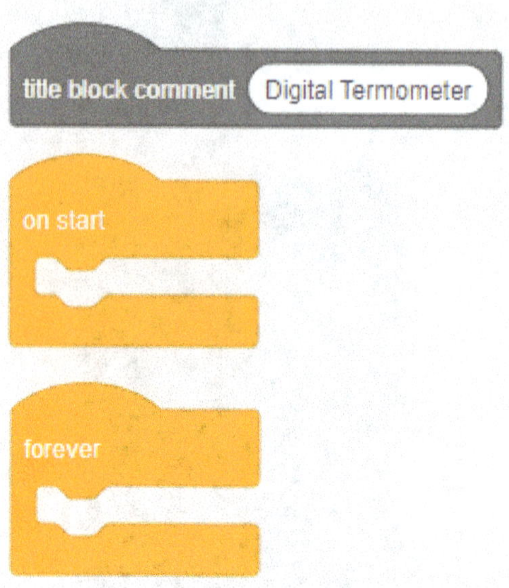

Paso 2:

En este paso, queremos encender la luz de fondo de la pantalla LCD en el bloque "on start". Puedes seleccionar el bloque "on LCD" de la categoría "Output" (azul) e integrarlo como sigue:

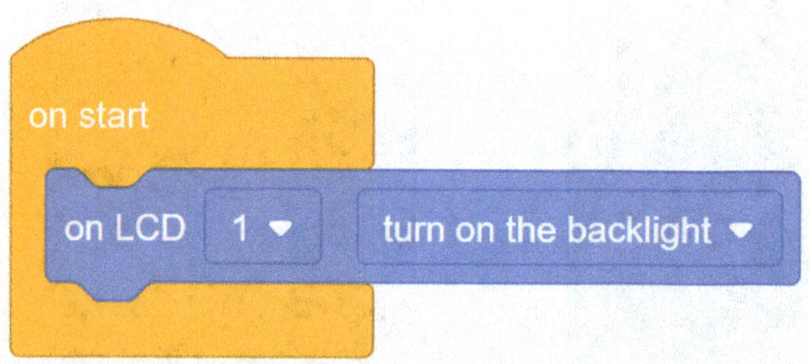

Debes seleccionar el comando "turn on the backlight" en el menú desplegable. Aparte de eso, no es necesario declarar los valores de las variables en el bloque "on start".

Paso 3:

Ahora llegamos a los bloques de comandos para el bloque principal "forever".

Primero tenemos que implementar aquí un bloque de programa que lea la entrada de tensión analógica en el pin de entrada analógica A2 del Arduino y la almacene en una variable. Según el esquema de nuestro circuito, la señal del sensor de temperatura TMP36 llega a este pin A2.

Como probablemente recuerdes de los proyectos anteriores, primero debes crear una variable con el nombre adecuado, por ejemplo "Temp", para la aplicación. El subbloque púrpura para leer el pin de entrada analógica "read analog pin" se encuentra en los bloques "Input".

Paso 4:

En este proyecto, es necesario incluir una serie de pasos de cálculo en el bloque "forever". Esto se debe a que el sensor de temperatura sólo proporciona señales de tensión que son proporcionales a la temperatura en grados Celsius. Sin embargo, estos valores de tensión no son exactamente significativos para el usuario. Por tanto, tenemos que transformar las señales de tensión recibidas en una unidad significativa, en este caso los grados Celsius.

Para simplificar los pasos de cálculo necesarios, primero podemos visualizar los valores de entrada analógica proporcionados por el sensor de temperatura a través del monitor serie. Para ello, utilizamos el bloque de programa "print to serial monitor ...", que integramos temporalmente en el código de nuestro programa.

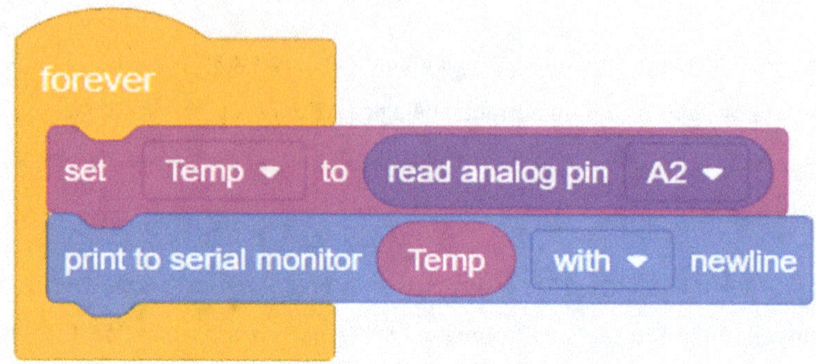

En la siguiente tabla encontrarás los rangos máximos del sensor de temperatura en °C y el correspondiente valor de tensión que se aplica al pin A2 de Arduino.

	TMP36 Valor de la temperatura en °C	Cuantificado Valor de la tensión en el pin A2	Área
Límite inferior	-40	20	165
Límite superior	125	338	338

Es posible que hayas convertido antes los valores de temperatura de grados Celsius a grados Fahrenheit. El proceso que realizamos aquí es similar a éste. Necesitamos la lectura analógica que podemos leer en el monitor en serie cuando el sensor de temperatura TMP36 está a 0 °C. Puedes ajustar fácilmente la temperatura con el control deslizante al hacer clic en el sensor. Puedes ajustar fácilmente la temperatura con el control deslizante cuando haces clic en el sensor.

A 0 grados Celsius, el valor de la tensión analógica cuantificada es igual al valor 104. Sobre esta base, podemos realizar el cálculo necesario de la siguiente manera

Temp_C = (Temp - 104) * 165/338

"Temp" es la variable entera que ya hemos definido y "Temp_C" es la nueva variable que contiene la temperatura en °C. Entonces podemos eliminar el bloque de programa "print to serial monitor ..." por el momento.

Paso 5:

Sin embargo, no crearemos una nueva variable para "Temp_C", sino que simplemente sobrescribiremos la variable "Temp". Para ello, puedes implementar el cálculo desarrollado anteriormente dentro del bloque de programa "forever" de la siguiente manera:

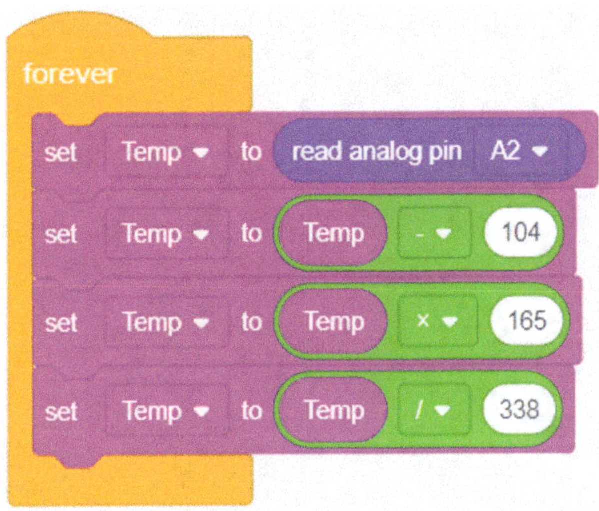

Ahora la variable "Temp" se modifica continuamente durante todo el proceso de medición en el bloque de programa.

Paso 6:

En el siguiente paso, queremos mostrar la lectura de la temperatura en la pantalla LCD. Para ello, primero hay que restablecer la visualización de la pantalla ("on LCD ...clear the screen"). Entonces podemos utilizar "set position on LCD ... to ..." para determinar dónde debe mostrarse el valor de la temperatura (por ejemplo, la fila 1 y la línea 1; la pantalla LCD 16x2 tiene 2 líneas y 16 filas). En el penúltimo paso, utilizamos "print to LCD..." para mostrar la variable "Temp", que contiene el valor de la temperatura en °C. Y en el último paso, volvemos a añadir el bloque, que también envía el valor de la variable al monitor serie (opcional). Encontrarás todos los bloques de programa necesarios para ello en la categoría "Output" (azul). El bloque de programa debería tener el siguiente aspecto:

Ahora podemos iniciar la simulación. Durante la simulación, verás que la pantalla LCD siempre borra primero el valor de la temperatura y luego actualiza la pantalla con el nuevo valor de la temperatura. Esto es algo desagradable y se debe al hecho de que el comando "on LCD... clear the screen" se ejecuta con cada ciclo (bloque "forever"). Para evitar esta interferencia, modificamos el código del programa para que la pantalla LCD sólo se actualice cuando el valor de la temperatura actual difiera del valor del ciclo de programa anterior.

Para ello, creamos una nueva variable llamada "Temp_old" en la que dejamos que se almacene el valor de la temperatura del ciclo de programa anterior. A continuación, realizamos una comparación en una condición "if" (si ...entonces ...) para comprobar si el nuevo valor de temperatura difiere del antiguo. Puedes encontrar el bloque de programa para la condición if en la categoría "Control". Si has cambiado todo como se indica, a partir de ahora la pantalla LCD sólo se borrará si el nuevo valor de temperatura difiere del anterior. De este modo, la pantalla LCD no se actualizará cada vez que se ejecute el programa.

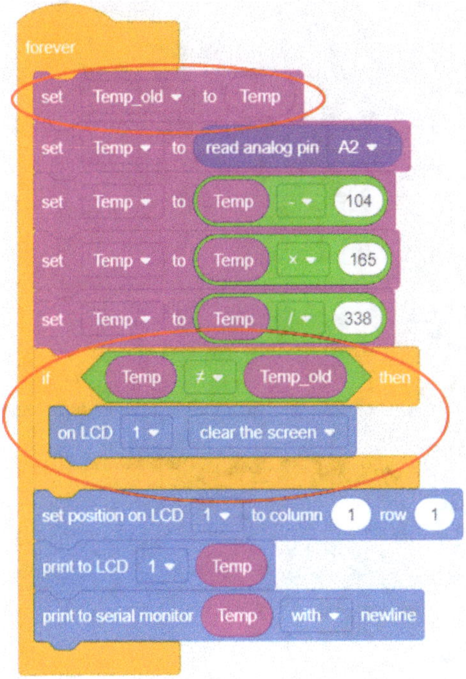

El código completo del programa tiene el siguiente aspecto:

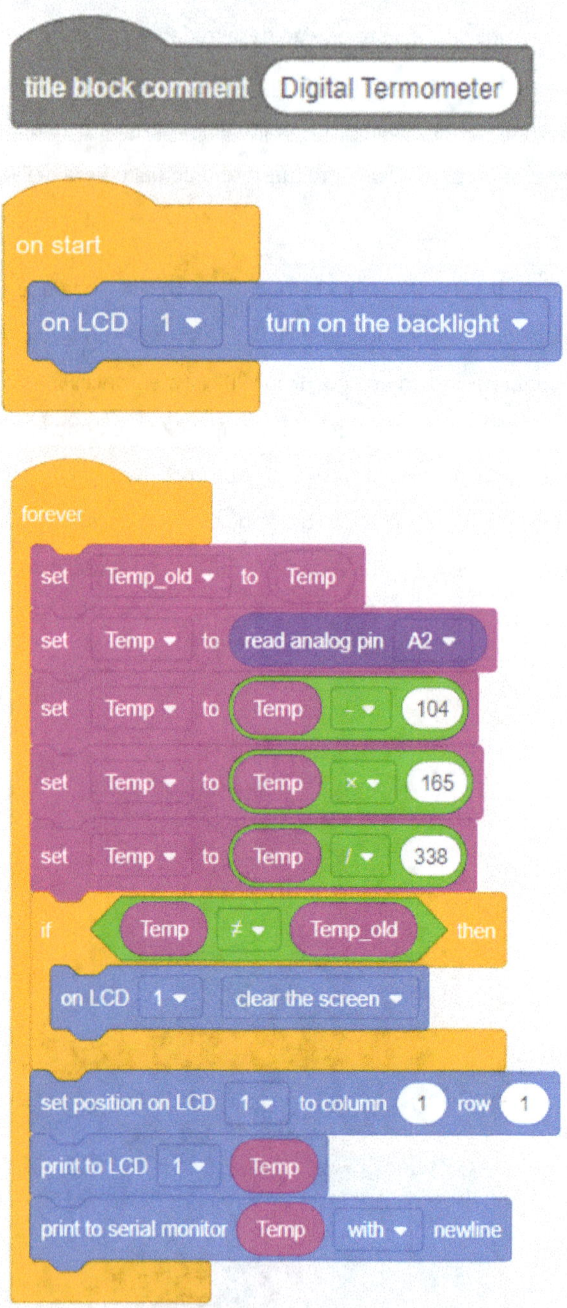

9 Proyecto 5 |Ultrasónico- Dispositivo de medición de distancia

En este proyecto crearemos un dispositivo de medición de distancias basado en Arduino utilizando un sensor ultrasónico y una pantalla LED. Suena complicado, ¿verdad? No te preocupes, parece más complicado de lo que es. Será sencillo sobre todo si lo abordamos juntos. ¡Vamos!

9.1 Componentes necesarios

1 Arduino Uno

1 sensor ultrasónico "Parallax PING 28015"

1 pantalla LED de 7 segmentos basada en I2C "HT16K33 backpack"

Información sobre el sensor ultrasónico "Parallax PING 28015":

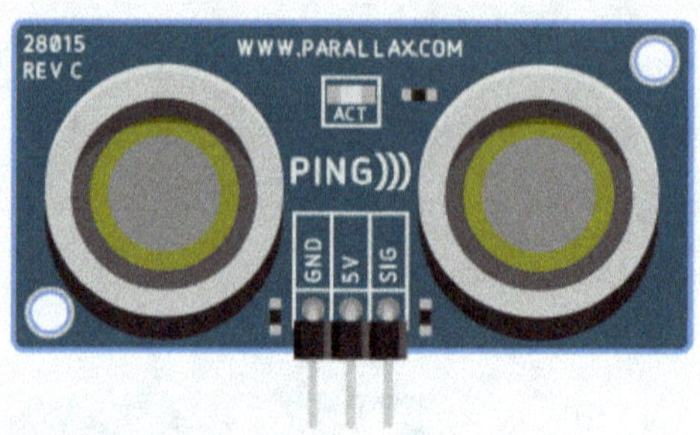

El sensor "PING 28015" de "Parallax" es un sensor de proximidad de bajo coste basado en ultrasonidos. Según la hoja de datos del fabricante, el alcance de detección de este sensor está entre 2 cm y 3 m, lo que puede considerarse un buen alcance y es suficiente para nuestro proyecto. Una característica especial de este sensor es que puede comunicarse con un microcontrolador, como el Arduino, utilizando sólo un pin ("SIG"). Por un lado, esto facilita la conexión y, por otro, ayuda en proyectos complejos a poder utilizar el número limitado de pines de entrada y salida con muchos otros componentes. El sensor tiene dos conexiones adicionales "GND" y "5V", que, como probablemente ya habrás adivinado, son necesarias para la alimentación. La ficha técnica completa puede descargarse aquí:

https://www.mouser.com/datasheet/2/321/28015-PING-Sensor-Product-Guide-v2.0-461050.pdf

Información sobre la pantalla LED "HT16K33":

La pantalla "HT16K33 backpack" es una pantalla LED de siete segmentos basada en I2C. Ya vimos lo que significa I2C en el último proyecto (Proyecto 4 | Termómetro digital). En este módulo también hay relativamente pocas conexiones. Sólo dos de las cuatro conexiones disponibles son para la transmisión de datos, mientras que los otros dos pines (+ y -) son para la alimentación. Otra característica especial de esta pantalla LED es que puedes ajustar el brillo de la pantalla en 16 pasos, de bajo a alto.

9.2 El borrador del circuito

Esquema del circuito:

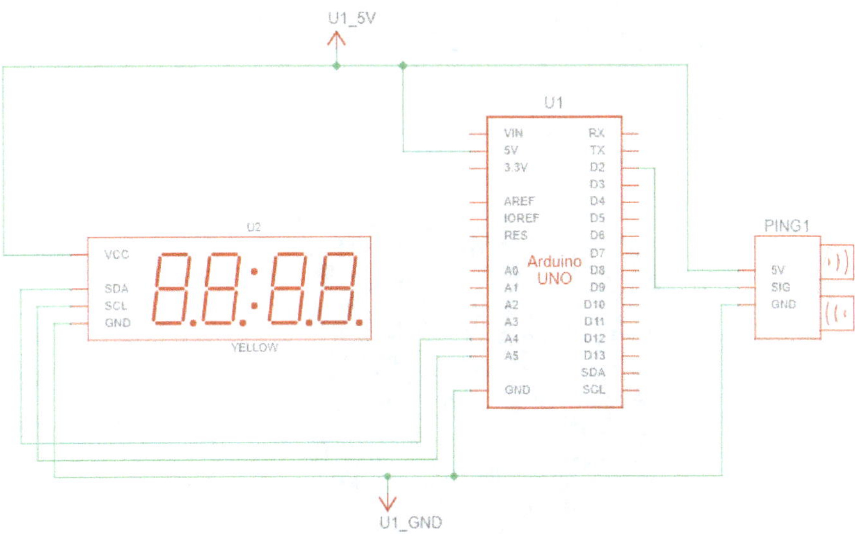

En el diagrama esquemático puedes ver que los pines "5V" y "GND" del sensor de proximidad ultrasónico "PING1" deben conectarse a la alimentación de 5V del Arduino UNO. El pin de señal etiquetado como "SIG" recibe una conexión con el pin digital D2 del Arduino UNO. Esto se debe a que el sensor de proximidad ultrasónico nos proporciona un impulso digital en forma de corriente continua. También tenemos que conectar la pantalla LED al Arduino UNO. Para ello, los pines de datos "SDA" o "SLC" se conectan a los pines analógicos A4 o A5 de la placa Arduino.

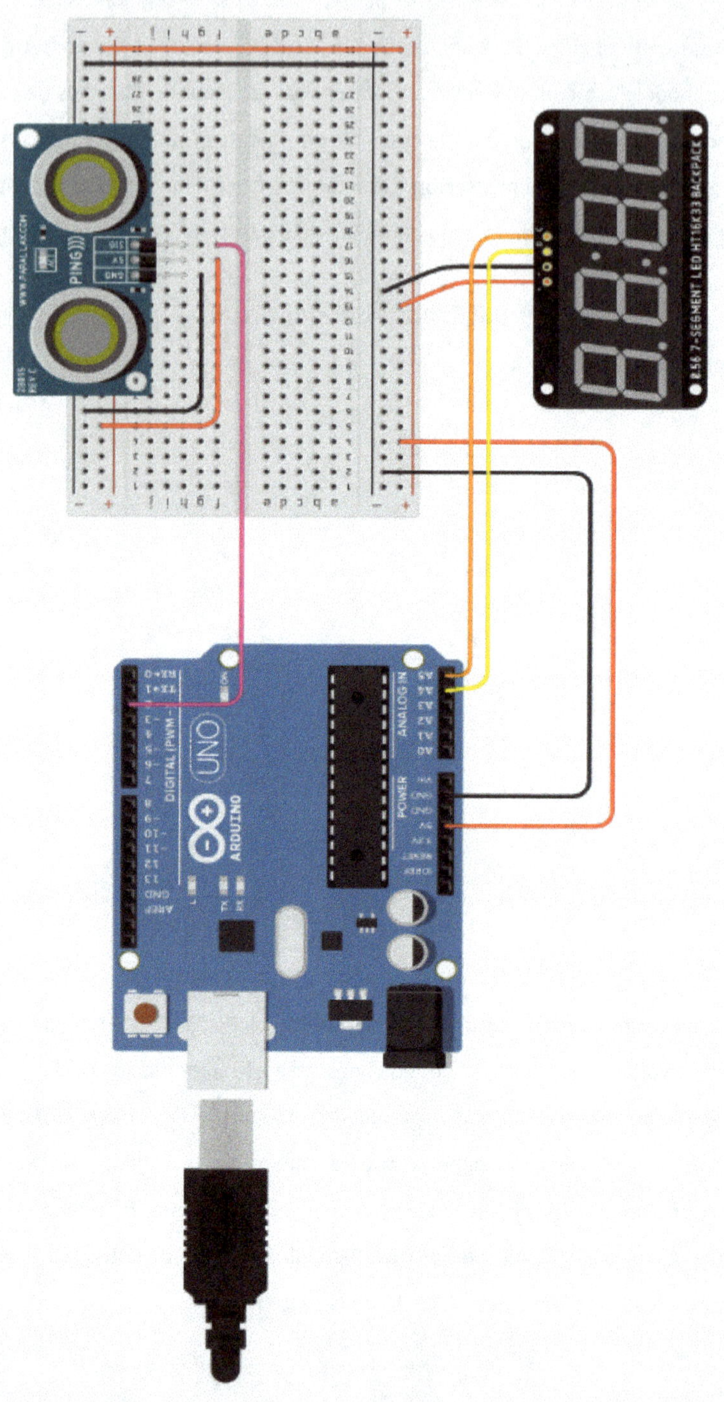

9.3 Desarrollo del código del programa

Paso 1:

En este proyecto, volvemos a crear primero la estructura básica de nuestro programa y creamos una descripción adecuada para el proyecto como comentario.

Paso 2:

Para este proyecto, primero necesitamos una variable "Dist" que almacene la distancia entre el sensor y un obstáculo. Esta variable se puede utilizar si la distancia debe mostrarse en la pantalla LED o también se emite en el monitor en serie, por ejemplo, para la localización de averías.

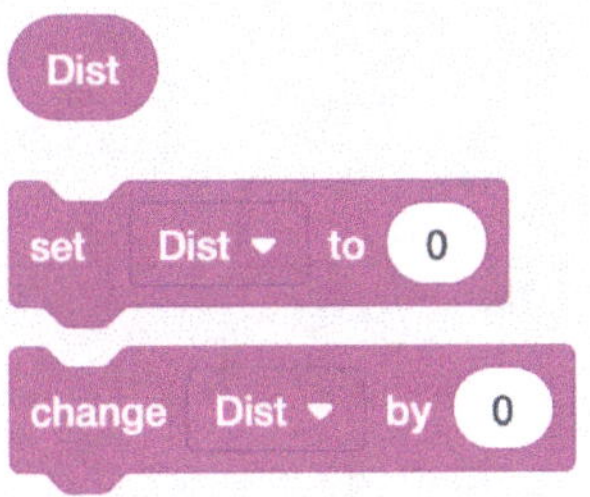

Paso 3:

En el siguiente paso, implementaremos los bloques de programa necesarios dentro del bloque principal "on start". Por cierto, no importa si declaras primero las variables o implementas primero el bloque "on start".

El único requisito que tenemos aquí es configurar la pantalla LED de siete segmentos con la dirección I2C correspondiente. Puedes hacerlo muy fácilmente con el bloque de programa "configure LED display..." (categoría: "Output") como se muestra.

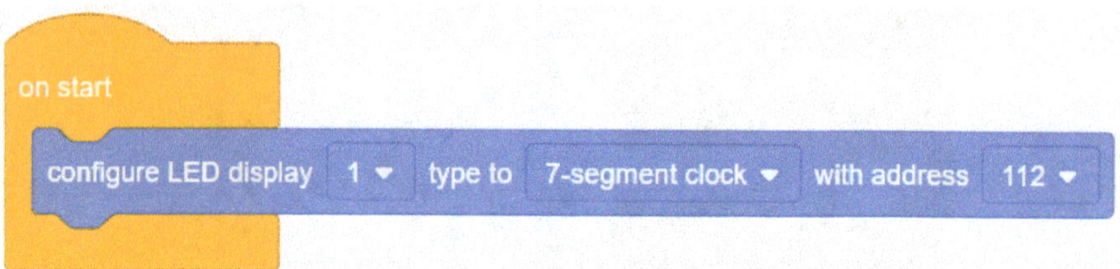

Con este bloque de programa puedes establecer el número de pantalla, el tipo de pantalla y la dirección I2C. Puede que te preguntes cuál debe ser el número de la pantalla. El número de pantalla es importante si utilizamos más de una pantalla LED, para que el programa sepa qué pantalla queremos controlar. También tienes que hacer coincidir la dirección I2C de la pantalla LED (haz clic en la pantalla LED) con el valor del bloque "configure LED display...".

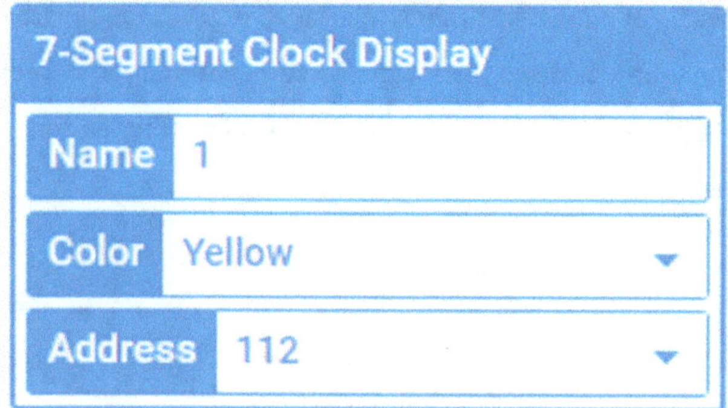

Como puedes ver, la dirección I2C debe ser 112 tanto en la pantalla de configuración de la pantalla LED como en el bloque de programa " configure LED display ...".

Paso 4:

En el paso 4 ya podemos ocuparnos de los bloques de programa necesarios para el bloque principal "forever". Aquí queremos leer la distancia que nos indica el sensor de ultrasonidos directamente en la variable "Dist" declarada anteriormente. Para ello, utilizamos un bloque de programa especial ("read ultrasonic distance sensor on trigger pin..."; categoría: "Input"), que la plataforma Tinkercad proporciona exactamente para este fin.

Como puedes ver, el bloque de programa "set ...", que está disponible en la categoría "Variables" tras la declaración realizada en el paso 2, se ha combinado con el bloque de función especial "read ultrasonic distance sensor ...". Como sugiere el nombre de este bloque de funciones, el propio bloque realiza todos los cálculos necesarios para medir la distancia entre el sensor y el obstáculo.

El principio básico del sensor ultrasónico es emitir un pulso de sonido en la dirección del obstáculo al que se dirige y esperar a que el sonido rebote en el objeto y vuelva al sensor. A continuación, el sensor envía un impulso de señal TTL al microcontrolador cuando se recibe la señal de retorno. Normalmente, el tiempo transcurrido entre la transmisión y la recepción de la señal ultrasónica se utilizaría para calcular la distancia entre el sensor y el obstáculo. Con la ayuda del bloque de funciones predefinido, esto ya se hace automáticamente en Tinkercad.

Paso 5:

En el último paso, todavía podemos insertar dos bloques de programa necesarios para mostrar el valor medido en la pantalla LED de siete segmentos y en el monitor en serie. También los insertamos dentro del bloque principal "forever".

```
forever
    set  Dist ▼  to  read ultrasonic distance sensor on trigger pin  2 ▼  echo pin  same as trigger ▼  in units  cm ▼
    print to serial monitor  Dist   with ▼  newline
    print to LED display  1 ▼   Dist
```

Nota: Durante la simulación, observarás que el valor que aparece en el sensor de distancia ultrasónico tiene una precisión de un decimal, mientras que el valor que aparece tanto en el monitor en serie como en la pantalla LED de siete segmentos es un valor entero. Esto se debe a que estamos leyendo la lectura de la distancia en la variable entera "Dist". Los números enteros no tienen decimales.

El código completo del programa debería ser así:

```
title block comment  Ultrasonic Distance Meter

on start
    configure LED display  1 ▼  type to  7-segment clock ▼  with address  112 ▼

forever
    set  Dist ▼  to  read ultrasonic distance sensor on trigger pin  2 ▼  echo pin  same as trigger ▼  in units  cm ▼
    print to serial monitor  Dist   with ▼  newline
    print to LED display  1 ▼   Dist
```

Palabras finales

¡Excelente!

Lo has hecho, has trabajado en los proyectos. ¡Es un logro muy bueno!

En este libro, he intentado enseñarte a crear diagramas de circuitos electrónicos y a programar un Arduino utilizando el software Tinkercad, y a despertar o reforzar tu entusiasmo por la electrónica y la programación mediante proyectos prácticos de bricolaje. Espero haberlo conseguido en cierta medida y que este libro te haya sido de utilidad. Debe ser un libro que cree una comprensión del conocimiento teórico de fondo y de la aplicación práctica.

¡Juntos hemos conseguido mucho en este curso! Puedes estar justificadamente orgulloso de ti mismo si has llegado hasta aquí.

Si te ha gustado este libro, me encantaría que me dejaras una valoración y un breve comentario, así como que recomendaras el libro a otras personas.

Asegúrate de echar un vistazo a las siguientes páginas. Aquí encontrarás libros sobre temas similares, y también un libro sobre Arduino, ingeniería eléctrica y Tinkercad. Estos libros son ideales para una introducción aún más detallada a los temas respectivos. ¡Consigue tus copias ahora!

¡Muchas gracias!

Libros sobre temas que tambén podrían gustarle

Todos los libros están disponibles en línea en las plataformas de venta habituales. Sólo tiene que buscar el título o visitar mi página de autor. Es posible que algunos de los libros aún no se hayan publicado y estén disponibles en breve. Eche un vistazo a los libros de su elección y lléveselos a casa como libros electrónicos o de bolsillo.

Impresión en 3D:

CAD, FEM, CAM (creación de objetos 3D, diseño, simulación):

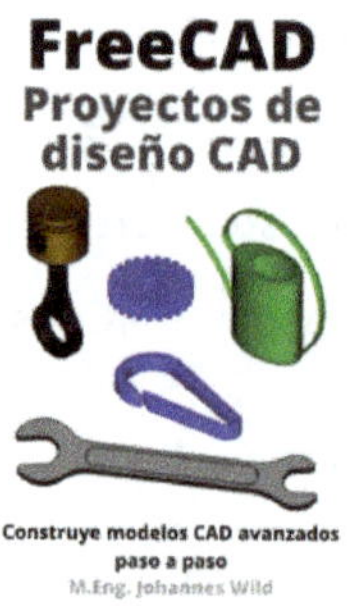

Ingeniería eléctrica:

Programación y otros programas:

Información sobre el autor / editor

© 2023

Johannes Wild
c/o RA Matutis
Berliner Straße 57
14467 Potsdam
Germany

E-Mail: 3dtech@gmx.de

Esta obra está protegida por los derechos de autor

9 783987 420436